国家社科基金艺术学重大项目（项目批准号20ZD02）：国家文化公园政策的国际比较研究

国家文化公园管理文库
GUOJIA WENHUA GONGYUAN GUANLI WENKU

大运河 国家文化公园：
保护、管理与利用

吴丽云◎主编　吕　莉　赵英英◎副主编

中国旅游出版社

前　言

　　运河文化，源远流长，始于春秋，绵延古今。悠悠运河水沉积了 2500 余年的深厚文化，记录了历史的兴衰荣辱。我国大运河主要由隋唐大运河、京杭大运河和浙东大运河三部分组成，跨越了我国北京、天津、河北、山东、河南、安徽、江苏、浙江 8 个省市，是连接我国古代南北交通的大动脉。

　　大运河作为大型线性文化遗产，是人类智慧的结晶，伴随着大运河的建设、使用及其对经济社会的滋养，形成了丰富的物质文化遗产和非物质文化遗产。2014 年 6 月 22 日，中国大运河在第 38 届世界遗产大会上获准列入《世界遗产名录》，作为世界上最长的、最古老的人工水道和工业革命前规模最大、范围最广的工程项目，体现了东方文明在水利技术和管理能力方面的杰出成就。

　　2012 年 8 月 14 日，文化部发布了《大运河遗产保护管理办法》，提出大运河遗产保护应实行统一规划、分级负责、分段管理，坚持真实性、完整性、延续性原则，对于保护、展示、利用功能突出，示范意义显著的大运河遗产参观游览区，可以公布为大运河遗产公园。《大运河遗产保护管理办法》是我国首部专门性的大运河遗产管理规定，对于大运河遗产资源保护、利用与可持续发展起到了重要的指导作用。

　　《大运河遗产保护管理办法》发布后，以江苏、浙江为代表的大运河沿线省份开始探索大运河文化带的建设。2019 年 2 月，中共中央办公厅、国务院办公厅印发《大运河文化保护传承利用规划纲要》，提出坚持科学规划、突出保护，古为今用、强化传承，优化布局、合理利用的基本原则，注重大运河优秀传统文化的传承和生态环境的保护，打造大运河璀璨文化带、绿色生态带、缤纷旅游带。各地在《大运河保护传承利用规划纲要》的基础上，加快了对大运河遗产资源保护、资源开发和利用的发展步伐，大运河文化带建设进入快车道，也为大运河国家文化公园的建设奠定了良好的基础。

2019 年 12 月，中办、国办印发《长城、大运河、长征国家文化公园建设方案》，提出建设长城、大运河、长征三大国家文化公园，实施公园化管理运营，以实现资源的保护传承利用、文化教育、公共服务、旅游观光、休闲娱乐、科学研究等功能，打造中华文化重要标志。大运河国家文化公园的建设，为大运河文化遗产的有效保护与利用提供了新的契机，成为新时期大运河遗产保护利用、大运河文化传承、中华文化重要标志打造的重要途径。

目前，我国国家文化公园建设的顶层设计已初步完成，在管理机制、资金机制、利用机制、法律制度等方面的探索初具成效，大运河沿线省市的国家文化公园建设正在如火如荼地进行，大运河国家文化公园的保护、利用与管理已成为理论研究和实践关注的重要方向。

目　录

第一章　大运河的历史变迁

第一节　大运河的出现

　　河流是古代最强有力的交通运输方式，因其运输量大、运费低，是推动古代社会生产力发展，开展各种社会活动，促进人们交流的有效手段。由于我国地势西高东低，绝大部分河流自西向东流，没有一条纵贯南北的河流，由此造成南北发展不均的情况。这种地理上的不足，因古代社会发展的需要，至公元前五六世纪经人工运河的开凿逐渐得以弥补，此后数千年中人们不断地对运河进行开凿、修整和完善，最终在我国东部沿海地区形成了一条贯通南北的人工大运河。

一、滥觞：春秋时期

　　吴国是春秋时期最早开凿运河的国家之一，也是开凿运河最多的国家。《史记·河渠书》："于吴，则通渠三江五湖。"在吴国开凿的众多运河中，当属邗沟最为著名，是今京杭大运河的组成部分，流芳百世[①]。

　　公元前486年，吴王夫差为了进一步开拓自己的疆域，提升自己的地位，决定进攻北方的齐国，在江北邗国故地修筑了邗城（今扬州蜀冈上），又召集百姓开凿从扬州到淮河的运河（即今里运河），由于该运河流经邗城，所以也被称为"邗沟"。据《左传》记载："哀公九年，吴城邗，沟通江淮。"邗沟又

---

① 嵇果煌.中国三千年运河史［M］.北京：中国大百科全书出版社，2008：68.

名渠水（汉朝）、韩江（晋代）、中渎水（南北朝）、山阳渎（隋唐）、楚州运河（宋元）、淮扬运河（明清）、里运河（近代），全长 150 多公里。邗沟在开凿之时因地制宜，利用长江与淮河之间湖泊密布的自然条件，用河道把湖泊连接起来，从而贯通长江和淮河。

吴国开邗沟之后，又于夫差十四年（前 482 年）在更北的地方开凿了商鲁之间的黄沟运河，沟通了泗水与济水。黄沟开凿之后，吴王夫差可沿邗沟北到淮水，入泗水，入济水，西上黄池，与齐晋争雄。

邗沟的开凿，沟通了长江、淮河，并可经淮河到达泗水，由泗水北上至菏水，达到济水，进入黄河，连接了长江、淮河、济水、黄河四大水系。邗沟为大运河的发展奠定了重要基础，是大运河的起源。邗沟也与都江堰、灵渠并称为春秋战国时期三大重要的水利工程。

二、战国时期

战国时期，魏国是从晋国分出来的三个国家中最先富强起来的国家，其他两国分别是韩国和赵国。在魏国开凿运河之前的春秋战国时期，水运交通已有较大的发展，但当时的水上交通更多依赖于自然河道，受自然地理因素的限制较大。而迁都后的魏国所在的平原地区处于黄、淮两大水系之间，为了发展经济，加强黄河南北两侧水上交通的联系，方便士兵、粮草、人员等的往来以及进一步扩大魏国的版图，于公元前 360 年，魏惠王下令开凿沟通黄、淮两大水系的人工运河，并亲自将其命名为"鸿沟"，鸿沟也因此成为沟通黄、淮两大水系的水运枢纽。鸿沟的开发不仅促进了魏国和周边小国经济的发展，还连接了濮、汴、颍、涡、菏等河道[①]，在黄淮平原上形成了一个完善的水上交通网。与此同时，从鸿沟运河系统分出来的汳水、睢水、涣水等 10 条支流形成了一个巨大的河网覆盖在中原大地上。

人工开凿的鸿沟运河在先秦时代具有重要的地位，它沟通了黄河和淮水两大水系，成为自开通之日起到秦汉三国时代六百年间中原地区最主要的水上交通干线，使黄淮平原上形成完善的水运交通网，不仅对当时魏国也对其后的古

---

① 岳国芳. 中国大运河［M］. 济南：山东友谊书社，1989：30.

代中原地区的社会经济发展都起到了重要作用①。

鸿沟之所以著名，除了其本身在当时和后代发挥的巨大作用之外，还与一个著名的历史故事有关。公元前203年，项羽和刘邦在争夺政权过程中，因双方战局僵持不下，被迫以鸿沟为界划分彼此的管辖区域。现在象棋盘上的楚河汉界便是以此河道来划分的。

第二节　大运河的发展

一、秦朝的运河

公元前221年，秦完成统一大业，结束了自春秋战国五百年来诸侯割据的局面，建立了中国历史上第一个中央集权制国家。秦始皇统一六国后，南征百越，继续扩大秦国的疆土。秦初征百越时，由于百越地处五岭之中，四周瘴气弥漫，环境恶劣，导致秦朝军队向南行军作战过程中危险、困难重重，尤其粮食运输问题最为突出。为了保证南下军队的粮食补给，秦始皇于公元前219年下令开凿连接漓江和湘江的水道。经过几年的努力，克服重重困难，到公元前214年水道基本建成，当时将这条水道命名为"渠"。唐朝开始有灵渠之称，近代则改称为兴安运河或湘桂运河。

灵渠最初称为秦凿渠或秦渠，位于今广西兴安境内，全长34公里，由南渠、北渠、大小人字形天平（铧堤、滚水坝）以及湘江中的铧嘴组成，结构精巧，独具匠心，古人云："治水之妙，无如灵渠者。"

灵渠的开通，不仅为秦设立桂林、象郡、南海三郡，将岭南地区纳入中国的版图奠定了基础，还可让船只从长江沿湘江南下入漓江，再过大榕江和桂江进入珠江，加强了岭南与中原地区的经济和文化联系。随着时间的推移，灵渠的用途也渐渐从开凿之初运送粮草转变为促进岭南地区与中原地区之间的经济文化交流。此外，灵渠的重要作用不仅限于秦朝，还包括在此后的几千年中，促进了沿线地区的经济文化交流。

---

① 嵇果煌.中国三千年运河史［M］.北京：中国大百科全书出版社，2008：158.

二、两汉时期的运河

1. 西汉

汉王朝建立后，经过一段时间的休养生息，到汉武帝时期，京都的人口数量不断增加、官僚机构众多、同时又与匈奴战事不断，使其对粮食、物资等的需求有了极大的增长。而当时京都主要的粮食和物资供给地是关中、关东、淮北和淮南地区，这些地区粮食和物资都需要依靠渭河的水上运输，但渭水水浅沙多、河道弯曲，且从关东运粮需逆水行舟，运输量和速度都有所不足。为了保证京都正常的粮食和物资供应，郑当时（主管全国农业的大司农）向汉武帝刘彻建议"引渭穿渠起长安，并南下，至河三百余里"，这样修建的河道不仅直接连通黄河，且基本上呈直线，极大地提高了水上运输的速度，因此汉武帝欣然采纳。历史上将这条河道称为漕渠。

漕渠于元光六年（公元前 129 年）正式动工建设，历时三年，最终建成。建成后的漕渠西起长安城西北之渭水，沿渭河南侧向东，过霸陵（今西安东北）、新丰、郑县、华阴、潼关，于渭河与黄河交汇处入黄河。关中地区地势平坦，且漕渠在途中引入众多水源，因此，漕渠水量充沛，流速缓慢，十分适合漕运，且河道笔直，与渭水相比航程缩短约三分之二，极大地提升了航运效率，保证了都城的物资供应，成为西汉关中地区修凿的最重要的漕运水利工程。所谓漕运，原本是指水上的粮食运输，到秦朝时成为为皇帝指令而从水上运输粮食。到汉王朝建立后，开始由全国往京师运送粮食，才使漕运变成专门指历代王朝的地方政府，把征购的粮食解送京师的专有名词[①]。此外，漕渠还灌溉了两岸大片农田，使关中地区粮食产量有所增加，质量也有所提高。

除了开凿漕渠，西汉成帝时期为了扩宽河道降低流速从而减少河水对下游的冲击，减少水患的发生，同时改善航运条件，曾尝试对黄河上的三门峡进行改造，可惜受制于当时的技术水平，最终无法完成。

2. 东汉

东汉最重要的运河工程是明帝永平十二年（公元 69 年）任命王景负责修建的汴渠。在王景修整汴渠之前，黄河决堤带来的灾害已持续了五十余年之

---

① 岳国芳. 中国大运河［M］. 济南：山东友谊书社，1989：46.

久，直到汉明帝刘庄即位，对黄河决堤一事保持高度关注和重视，也表现出了治理黄河水患的坚定决心，但最初虽多次召集群臣商讨应对之策，仍毫无进展。直至永平十二年（公元 69 年），经他人推荐召见治水能人王景，"问以理水形便，景陈其利害，应对敏给，帝善之"。于是将治理当时黄河下游地区严重水灾的任务交给他。在汉明帝的全力支持下，王景提出了治汴先治黄，治黄同时治汴的治理方针，并于当年夏天开始了这场规模巨大的治黄理汴的工程。治河（黄河）理汴工程耗时一年，最终顺利完成。

经过王景的治理，黄河、汴渠恢复了分流，黄河进入了历史上一个相对安流的阶段。而原来是自然河流的汴水、泓水和获水被统称为汴渠，具有了人工运河的性质，从此汴渠成为我国中原地区沟通东南沿海地区的水运干道。

三、三国、两晋、南北朝的运河

三国、两晋、南北朝时期，天下大乱，社会经济发展受到严重阻碍，秦汉时期修筑的运河也遭到破坏。这一时期因为国家分裂并没有统一的大运河修筑计划，但各个国家也在自己的国境内修筑了阶段性的运河。

1. 白沟

204 年，为了攻打袁氏的根据地邺城，曹操组织士兵在原有的黄河河道上开挖白沟，进而构建了华北平原的运河网络。白沟的开凿为曹操攻打邺城提供了极大的帮助，同时也方便在战后加强对黄河以北的控制。

2. 平虏渠和泉州渠

曹操占领邺城后，袁氏的残余逃窜至位于今辽宁西部的乌桓。206 年，为了北伐乌桓，曹操遂派董昭开凿平虏渠和泉州渠。平虏渠后来成为北魏白沟、隋永济渠、唐平虏渠、宋元御河和明清卫河的重要河段。泉州渠开通后不久就因"无水"而被废。

3. 利漕渠

利漕渠是公元 213 年由曹操下令开挖的西起漳水、东到白沟的运河，目的是加强王都邺城对周围的控制，改善交通条件。其后成为隋唐大运河中永济渠的重要组成部分。

4. 破冈渎

229 年，东吴迁都建业。245 年，为改善漕运条件，孙权下令开凿西起今江苏句容市，东到今丹阳南塘庄，全长 20 公里左右的破冈渎。该渠道连接了钱塘江水系和长江水系，后来其向东段伸展的丹徒水道成为隋朝江南运河的前身。不久便被隋文帝毁了。

5. 顿塘运河

顿塘运河是东晋年间在杭嘉湖平原上开凿的一段区间运河。开凿于东晋永和年间（345~356 年），由吴兴太守殷康主持开凿，西起今浙江湖州香溪，过今旧馆和南浔，在平望镇入江南运河，全长约 60 公里。与其他许多出于军事目的而开凿的区间运河不同，顿塘运河是为了农业的生产发展而开凿的。之后历代对其进行过多次修整，从未断流，目前仍是一条繁忙的航道。

第三节　大运河的繁荣

隋朝以前，虽然已经开凿和改造了大量的人工和自然河道，但总体而言，比较零散，并未形成完整的运河网络。隋朝及之后几个朝代开凿的运河则有较大的不同，大多形成以都城为中心向外辐射，连接国家主要经济区域的运河网络[①]。

一、隋朝的运河

隋朝结束了汉末以来的大动荡，大分裂，使中华大地重归于统一；且在原有的地方河道基础上修建成了贯通南北的大运河，在我国的历史中具有举足轻重的地位。

1. 广通渠

公元 581 年，北周覆亡，杨坚（隋文帝）建立隋朝，后定都关中地区。关中地区从地理上看被四关环绕、易守难攻，地理位置优越，但也有不足之处，即需要依靠其他地区的粮食和物资供给才能满足都城的需求。而从南北经济发

---

① 朱学西 . 中国古代著名水利工程［M］. 北京：商务印书馆，1997：26.

展的变化，从南方和关东开展漕运的条件来看，必须重开西汉开凿的漕渠才能保证都城粮食和物资的供给[1]。

公元 584 年（开皇四年）开始动工开凿漕渠，这条渠从都城出发绵延 400 里一直到潼关，因在西汉漕渠故道上重新开凿，因此过程十分顺利，仅耗时三个月就完成了整个河道的开凿，并于建成之后改名为广通渠。广通渠的通航，极大地便利了各地至都城的粮食和物资运输，也降低了水上运输的成本，还促进了运河沿线城市工商业的发展，为人们提供了安定的生活，因此广通渠也被称为"富民渠"。《郭衍传》中对此事有所记载："开皇四年，征（衍）为开漕渠大监，部率水工，凿渠引渭水，经大兴城北，东至潼关，漕运四百余里，关内赖之，名之曰'富民渠'。"

2. 山阳渎

公元 587 年（开皇七年），隋文帝命人开凿山阳渎，为攻打江南地区残存的最后一个政权—后陈作准备。山阳渎是在春秋时期开凿的邗沟基础上进行重新开凿，北起淮水南岸的山阳（今淮安），径直向南，到江都（今扬州市）西南接长江，全长约 170 公里。山阳渎的通航，为隋灭陈起了重要作用。

3. 通济渠

公元 604 年隋炀帝登基，继承其父遗诏，全面进行大运河建设，其中开凿顺序依次为通济渠、山阳渎、永济渠、江南运河。

通济渠开凿于 605 年（隋大业元年）3 月，充分利用了运河故道和自然河道，于当年八月竣工，全长约 650 公里。建成后的通济渠沟通了黄河与淮河，连接了洛阳和江淮地区，是南北大运河中最重要的组成部分。

隋炀帝开凿通济渠的目的，是将当时的政治中心洛阳与当时经济发展最快、最富庶的长江下游三角洲地区连接起来，但是通济渠只到淮河为止，因此还需要开凿连接淮河与长江的邗沟[2]。但此次重修的山阳渎（邗沟），并非在原有的基础上进行重修而是选择了原来邗沟东西两道中的西道进行拓宽、挖深和疏浚，并对邗沟南端的引水口进行改建整治。经过大规模改造后的山阳渎（邗沟西道）成为了南北大运河的重要组成部分，也为日后的京杭大运河奠定了坚

---

① 岳国芳.中国大运河［M］.济南：山东友谊书社，1989：58—59.
② 嵇果煌.中国三千年运河史［M］.北京：中国大百科全书出版社，2008：559.

实的基础。

4. 永济渠

隋大业四年（608年），隋炀帝为攻打高句丽，令百万人开凿永济渠，方便战时运送士兵和物资。因渠道里程较长，耗时三年才完成。永济渠的开凿，除了军事目的之外，还出于经济目的。在当时，河北地区物产丰富、人口众多，永济渠不仅可以将该地区丰富的物产运往京城，还可以将大量劳力输往京城，具有很高的开发价值。永济渠是隋朝最北端的水运河道，从洛阳对岸的沁河口向北出发，直通涿郡（今北京境内），全长约950公里。

5. 江南运河

大业六年（公元610年），为满足通行龙舟的要求，隋炀帝下令开凿江南运河，亦称江南河。该运河在修建过程中充分利用运河故道和截弯取直的方法，最终建造起了北起京口（今镇江），南抵余杭（今杭州），全长340公里，连接长江和钱塘江的运河水道。江南运河不仅在当时促进了江南物资向北输送，还为近代的南粮北运创造了重要的条件。

至此，一条以洛阳为中心，长度约2700公里，途经今河南、河北、北京、山东、江苏、安徽等多个省、市，连接了黄河、长江、钱塘江、淮河以及海河五大水系的南北大运河最终形成。隋朝大运河的建成，对沿岸的经济和文化发展带来了极大的促进作用：经济方面，它灌溉了河畔的农田，滋润了两岸的城市；文化方面，隋朝时期，诗人们顺着运河，或漂泊、或游历，留下了不少著名诗篇，如"姑苏城外寒山寺，夜半钟声到客船"。（《枫桥夜泊》张继）"鱼盐聚为市，烟火起成村"（《东楼南望八韵》白居易），诗篇中的思绪顺着滔滔波纹汇聚、传递，不仅加速了南北间的文化交流，还增强了运河南北人们的文化认同感；不仅恩泽了紧随其后的唐，还为长久的繁荣埋下伏笔。

二、唐朝的运河

唐朝基本上继承了隋朝的运河体系，自身修建的运河较少，其主要的建设便是对原有的运河进行维修、改建、疏浚和完善并改革旧时的漕运制度。

1. 二度重开广通渠

广通渠开凿之初较为仓促，工程质量较差，且因其引用渭水，河水多沙造成河道淤塞，到唐朝时已基本丧失航运功能。而随着唐朝的发展，京师对粮食和物资的需求量不断增大，仅有的运河已不能满足京师的正常供给，因此唐玄宗天宝三年（744年），朝廷下令重开因淤塞而废弃的广通渠，历时两年完成，重开后的渠道改称为"漕渠"。这次重开的漕渠到唐德宗贞元年间（公元785~805年）已基本不能使用，长安及各地的漕粮仅靠牛车运输，粮食供给远远不足，致使多地又陷入断粮的困境之中。到唐文宗大和年间（公元827~835年），唐文宗不考虑宰相李固言所提的重开漕渠犯了阴阳忌讳的说辞，下令再次重开漕渠并修整渠首的兴成渠，重开之后的漕渠也改称为"兴成渠"，这次重开的漕渠使用时间相对上一次久一些，这也是漕渠的最后一次梳治和使用。

2. 多次整修山阳渎

山阳渎虽里程较短，但在当时仍作为重要的水道使用，唐朝时也对山阳渎进行了数次修整，在隋唐大运河中是十分重要的一环，起到了承上启下的作用。

3. 改建、扩建永济渠

初唐时，永济渠的作用仍和隋朝一样，发挥着运输军粮和其他军队所需物资的功能。盛唐时期，永济渠的运输情况发生了部分改变。不仅承担着北粮南运的任务，还承担着南货北运的任务。永济渠的水源原先是位于黄河入口的沁水，因此河水含沙量较大，容易使河道淤积，至唐朝时，唐朝人决定用清水和淇水代替沁水成为永济渠的水源，并将其渠口移至淇口，减少河水含沙量，减缓河道淤积的速度，延长河道的使用时间。除了对永济渠进行改建之外，还增强其全线的防洪建设并对其进行扩建，增开一些大小不一的支渠，增强永济渠的综合效益。

4. 多次疏浚通济渠

唐朝时称通济渠为汴渠且将其作为主要的漕运线路使用。汴河取水自黄河，泥沙含量大，容易引起河道淤塞，唐朝曾多次对其进行疏浚，还组织了大规模的疏浚工程，如开元二年（714年）李杰组织重修梁公堰，开元十二年（724年）齐瀚主持更改汴河入淮口；开元十五年（727年）范安主持疏浚汴口等。虽然汴河一次次发生淤塞，但唐仍不遗余力地对其进行疏浚，足见其对于唐漕运的重要性。

5. 修缮江南运河

得益于江南地区丰富的物产和发达的经济，唐朝时期的统治者十分重视江南运河的修缮工作，不仅确保了航道的畅通，带动了两岸工商业的快速发展，还便利了两岸的农业灌溉，提高了人们的生活水平，进而促进了整片区域社会经济的发展和繁荣。

隋朝南北运河的开通，为唐朝经济的快速发展、社会的繁荣打下了良好的基础。唐朝在隋朝基础上对大运河进一步地补缀、维护和完善，使得整个大运河体系更加的完整和巩固，也使得大运河所在区域的农业、工商业有了更大地发展，促使唐朝发展为经济繁荣、国力强盛的大帝国，也拉开了隋唐大运河发挥巨大威力和进入最繁荣兴盛时期的序幕[①]！

三、宋朝的大运河

中国大运河开挖于春秋时期，隋朝时已基本完成，至唐朝时进一步地完善，但大运河对于中国政治、社会、经济的强大塑造力，则要到北宋时才完整呈现出来[②]。

1. 北宋

北宋定都汴州（亦称汴京），运河便是其中一个重要的因素。《旧五代史·晋书·高祖纪》载，天福三年（938年）十月庚辰，御札曰："经年之挽粟飞刍，继日而劳民动众，常烦漕运，不给供须。今汴州水陆要冲，山河形胜，乃万庾千箱之地，是四通八达之郊，爰自按巡。益观宜便。俾升都邑，以利兵民，汴州宜升为东京，置开封府。"由于历史与地理原因，南方稳定的生产生活环境促使北宋政府更加依赖南方的粮食供给。而汴河优越的地理位置无疑使其成为南粮北运的重要运输线。因此自定都起，北宋就十分重视开发运河交通运输，通过开凿整治汴河、惠民河、广济河、金水河以及江淮运河、江南运河、两浙运河等重要运河河道，形成一个四方辐射的新的运河体系，把江浙、两淮、荆湖等南方地区与河北、京东、京西以及京畿一带等北

---

① 岳国芳.中国大运河［M］.济南：山东友谊书社，1989：127.
② 吴钧.城市革命与商业信用 运河引发的连锁反应［J］.国家人文历史，2014（11）：54—57.

方地区连接起来①。

汴河在运河中的重要性最为突出，大部分南方的粮食都是通过汴河运往汴京。正如张方平《论汴河》中"今日之势，国依兵而立，兵以食为命，食以漕运为本，漕运以河渠为主……汴河废，则大众不可聚，汴河之于京师，乃是建国之本，非可与区区沟洫水利同言也"所言。因此，北宋政府特别重视汴河的维修和治理。水源来自黄河的汴河水多沙，容易造成河道淤积，为了保持河道的畅通，北宋政府为此耗费了众多资源。开始时为了防止泥沙淤积带来的隐患，北宋对汴河进行一年一清，后又因引洛清汴工程而改为三五年一清，但引洛清汴工程后期效果渐微，则又重改为一年一清，对于汴河的泥沙治理耗费了北宋王朝众多的人力、物力和财力。在《宋史·河渠志》中提到：宋城以上沿汴河的州县，差不多每年都有力役之征，两岸的百姓的劳动负担是十分沉重的②。此外，北宋政府还开创了"束水攻沙"的先河，目的是巩固堤防，缓解河道淤积。

北宋初年，经过多次修整、治理的惠民河，重要性仅次于汴河，是开封水运总枢纽中南方水运的主干渠，淮水流域的大部分税粮都是从此河调入京师。惠民河的生命力较为顽强，在汴河淤塞之后，依然常流。

广济河因河宽五丈左右，又称五丈河，是开封水运放射形河道中东部水运的主渠道，在漕运中也占有重要地位，其前身是唐朝开的湛渠。但广济河是从汴河中分出来的，河道也容易泥沙淤积，常因水量不足而航运不畅，因此北宋也曾多次对它进行治理。

金水河，也叫天源河，是北宋初年新凿的一条河道，是京都放射形河道中西部水运网的主渠道。后因"引洛清汴"工程而成为美化皇室苑园的水源，不再承担漕运的功能。

北宋大臣张洎有一段话很能凸显汴京四渠的重要性，他说：今天下甲卒数十万众，战马数十万匹，并萃京师，悉集七亡国之士民于辇下，比汉唐京邑民庶十倍。甸服时，有水旱不致艰歉者，因有惠民、金水、五丈（即广

---

① 张德文.京杭大运河的历史.［EB/OL］［2014—05—29］http://www.360doc.com/content/14/0529/05/99504_381889943.shtml.
② 岳国芳.中国大运河［M］.济南：山东友谊书社，1989：148.

济）、汴水等四渠，派引脉分，咸会天邑，舳舻相接，赡给公私，所以无匮乏[①]。正因为北宋建成的大运河网，使得每年在大运河上往来运输的漕船有3000~7000只，成为漕运史上往来船只数量最高的记录！北宋大运河不仅奠定了开封的国都地位，撑起了北宋的社会繁华，也是人类古代航运史上绚烂夺目的重要篇章！

北宋被金朝灭亡之后（1127年）至南宋正式建都临安（1138年）的11年间，南宋为了避免漕运为金朝所用，对南北漕运进行大规模的破坏，致使漕运毁坏严重。直至南宋正式建都临安，疆域较为稳定之后，淮南大运河的航运才逐渐恢复。

2. 南宋

在南宋王朝100多年的历史中，其统治的稳固极大程度上依赖于漕运一脉，因此，其对大运河的整修和治理更是不遗余力。而在整个大运河网中，属江南运河和浙东运河的漕运所发挥的作用最突出，比北宋王朝时期的运河更胜一筹[②]。

江南运河自三国、隋朝开凿以来，一直保持着良好的航行条件，是全国大运河航道中条件最好的河段。根据江南运河流经地区的水文和地形条件来划分，可将其划分为北、中、南三段。北段自润州至太湖无锡，是江南运河中最高的河段。该河段受长江水位高低的影响较大，在长江枯水期时严重影响其漕运。为此两宋时期对该河段做出了巨大的努力，尤其对镇江至丹阳的盲肠河段一再修整和治理，最终使整个河段在两宋期间始终保持着良好的漕运状态。中段自无锡至吴兴，该河段是江南运河中最低洼的河段，正好与北段形成鲜明的对比。由于该河段地势低洼，容易发生太湖湖水倒灌的问题，因此南宋时期，在这里设置了专门从事修筑堤岸堰闸、疏浚河道的"撩浅军"。南段则是自吴兴、平望至杭州，这段运河是南宋王朝最主要的漕运河段，位于浙江东部。

浙东运河顾名思义在浙江东部，北宋时期已发挥了较为明显的作用。南宋以后，进一步加大对该河段的整治工作，其航运条件也有了较大的提升。

---

① 嵇果煌.中国三千年运河史［M］.北京：中国大百科全书出版社，2008：934.
② 岳国芳.中国大运河［M］.济南：山东友谊书社，1989：168.

四、元明清的京杭大运河

元朝开始建造的京杭大运河，到明朝时渐趋完善，至清代已是最重要的南北交通干线。它最北端位于当时的元大都（今北京市），最南端位于杭州。这条运河将全国政治中心和经济文化最发达的地区结合在一起，沟通了海河、黄河、淮河、长江、钱塘江五大水系，对促进南北经济文化的繁荣，加强国家的统一，都有巨大的作用[①]。

1. 元朝

1271 年，忽必烈公布《建国号诏》，在原有国号"大蒙古国"上增加"大元"正式建国号大元。一年后，在刘秉忠规划下，元帝国建都于金国中原的大都（今北京）。《元史·海运志》云："元都于燕，去江南极远，而百司庶府之繁，卫士编民之众，无不仰给于江南。"然而，元如果沿着当初隋唐大运河的路线从南方的粮食产区向大都运粮的话，则需要绕道洛阳，路程远且费时费力；而从海上进行运输则发生的海难较多，没有运河安全，因此，修建从江南直通大都的运河计划便被提上日程。元朝开通的京杭大运河从北至南主要包含以下七段：通惠河、卫河、南运河、会通河、济州河、淮阳运河、江南运河，除了对原有的运河进行裁弯取直外，新开凿的运河有济州河、会通河和通惠河。

（1）济州河。1281 年，克服了水源问题和地势落差大的问题，元朝修筑了从山东任城（济宁市）至须城（东平县）安山的济州河，全长约 125 公里。济州河通航一段时间之后，由于其自身水量不足，河口又多泥沙沉积等问题，造成运河通航能力迅速下降，限制了南北内河航运的发展，因此兴起了会通河的工程。

（2）会通河。1289 年，始自东平路须城县（今山东东平）安山西南，至临清抵达御河的会通河修筑完成，全长约 480 公里。会通河之名由元世祖忽必烈赐名而得。会通河完工后，济州河成为其中的一段，这大大便利了全国物资的转运，尤其是南北方之间的物资运输。根据史料记载，元朝后期，江淮地区每年有三十多万石的粮米通过济州河运往北方。

---

① 朱学西．中国古代著名水利工程［M］．北京：商务印书馆，1997：50．

（3）通惠河。公元1292年，时任太史令的水利专家郭守敬主持开凿通惠河，用于沟通元大都和北京通州，经过一年多的施工，主体工程基本建成。通惠河是京杭大运河最北端的组成部分，其开凿大体分为三段：前两段开凿的目的是引水，分别为昌平浮泉至瓮公泊和瓮公泊至积水潭；最后一段为主河道，是积水潭至今通州张家湾。

元三十年（1293年），京杭大运河全线通航，漕船可由杭州直抵大都。京杭大运河从大都出发，流经北京、天津、河北、山东、江苏、浙江六省市，沟通了钱塘江、长江、淮河、黄河和海河五大水系[1]，总长度约1800公里，其长度是苏伊士运河（约190公里）的近10倍，同时也是世界上最长的人工修筑运河。新的京杭大运河比绕道洛阳的隋唐大运河缩短了900多公里，且把原来以洛阳为中心的隋唐横向运河，修筑成以大都为中心，南下直达杭州的纵向大运河。京杭大运河的开通[2]，完善了中国的漕运体系，保障了首都的粮食安全，为制度稳定提供了保障，更促进了沿岸物资和信息的交流，促进了城市和商业的繁盛。此外，京杭大运河也对运河周边的水利基础建设、造船业的发展起到了促进作用。

2. 明朝

明朝与唐朝相似，其大运河也是在前朝所建的大运河的基础上进行改建或者扩建而成的，因此其漕运也十分发达和繁荣。明朝对原有大运河进行改建或扩建的情况具体如下：

（1）会通河的修整。明洪武二十四年（1391年），黄河决口造成会通河将近1/3的河段被毁，大运河因此中断。永乐帝决定将都城北迁之后，为了解决迁都后京都的粮食供应问题，于永乐九年（1411年）令人对会通河进行疏浚、修整、修建坝闸等，其中部分工程于当年完成。修整后的会通河通航能力大幅度提升，粮食运输量远远大于元朝时期。

（2）南河的改造。明朝时的南河，历史上曾相继被称为邗沟、中渎水、山阳渎、扬楚运河、淮扬运河、淮南河等，它是南粮北运的必经孔道，因此明朝

① 吴继忠.世上最长的人工河流［EB/OL］［2021-03-18］https://wenku.baidu.com/view/161f71d712a6f524ccbff121dd36a32d7275c795.html.
② 牛增辉.河文化在通州建设北京城市副中心发展中的作用机制研究［J］.时代金融，2015（03）：212-213.

时也对其进行大力的治理[①]。由于该运河水位高于黄河水位，因此常造成运河水量流失的问题。为了解决该问题，陈瑄在治理该运河时，采纳当地人的意见，重开宋朝时期的沙河故道，并于道上建立闸门；此外还对南河进行大规模的整治，逐渐使其湖运分离。经过这一系列的工程建设，南河基本上解决了河运连接问题以及受湖浪威胁的问题。

（3）大运河的扩建。山东境内的河段，在元朝末年因为泥沙淤积过多而被废弃。明朝时期重新对该河段进行疏通和治理，在当时的夏镇（今微山县）和清江浦（今淮安）间进行了开泇口运河、通济新河和中河等一系列运河工程，且开凿了月河沟通江淮。这些工程完善了京杭大运河的整体体系，为明朝的繁荣发展继续发挥巨大作用。

3. 清朝

清朝的大运河主要分为九个河段，分别为大通河（通惠河）、会通河、泇河、徐吕二洪、淮安运河、高宝运河、瓜仪运河、丹阳运河和浙江运河，在对这九个河段进行整治的过程中，有两个重点：其一是进一步解决会通河的水源，更好地管理水源、运用水源。其二是进一步防范黄河、淮河和湖泊的水患，千方百计维护里运河和中运河的漕运[②]。虽然清朝也耗费了大量的人力、物力、财力对大运河进行整治，但由于黄河北迁以及清政府日益腐朽的统治，到19世纪末期，大运河遭到严重破坏，走向衰落。

第四节 大运河的衰退

京杭大运河的通航一直是在与黄河的洪水和泥沙的斗争中展开的[③]。1855年（咸丰五年），黄河在河南省铜瓦厢决口，阻断了山东省境内的大运河，造成会通河河道淤塞，此后河水一路向北，最终流入大清河并由此注入渤海，此次黄河改道造成运河航道淤塞，河道废弛。与此同时，清政府的统治日益腐

---

① 朱学西.中国古代著名水利工程［M］.北京：商务印书馆，1997：65.
② 岳国芳.中国大运河［M］.济南：山东友谊书社，1989：268.
③ 岳国芳.中国大运河［M］.济南：山东友谊书社，1989：317.

败、太平天国运动不断推进、帝国主义侵略不断加深等原因，致使大运河周转不灵，几近瘫痪。1872年，轮船招商局在上海成立，正式用轮船承运漕粮。伴随着清政府日益衰败，中国内忧外患加深，1900年（光绪二十六年），清政府下令停止各省河运漕粮。1904年，漕运总督被撤。1911年，津浦铁路全线通车，陆上运输代替了水路运输，至此，繁荣千年的大运河南北全线断航。中华民国时期，人们虽几度倡议治理运河，但最终都因为战乱而未能付诸实施，只有江南运河还在维持通航。

第五节　大运河的新发展

一、运河的整治与恢复

20世纪40年代末，中华人民共和国成立后，大运河进入了新中国时期。在国家的统一规划下，从根本上改变了历朝历代修建运河的指导思想，基于运河本身具有的灌溉、排洪、发电等多重功能，满足国家、人民的生产生活需要，推动国民经济的增长。在统一规划中，国家首先对水患严重的黄、淮、海进行连续的整治，解除这些河流对于大运河的干扰和危害。经过治理之后的大运河不仅水患次数减少了，还增建了许多现代化装置和设施，使得大运河的面貌焕然一新。

改革开放后，尤其是南水北调东线工程实施之后，运河建设的速度进一步加快。在此后的20多年间，各级政府和部门不断投入巨大的财力、物力和人力对运河进行扩建。

二、大运河申遗

20世纪80年代，罗哲文和郑孝燮等人便提出了大运河申遗的事情，但当时主要由于两方面的原因使得大运河申遗的过程不断受阻。一方面是因为当时大运河还在发挥着作用，还在不断发生变化，因此不能当作文物；另一方面则是因为当时大运河的治理工作仍不完善，存在部分河段污染严重、改道甚至断流的情况，此外，大运河沿线城市间的协调问题也是大运河申遗受阻的原因之一。

2004 年 7 月，北京大学景观设计学的研究团队开始对大运河沿岸的情况进行考察，这次考察的意义非凡—第一次将大运河纳入了申遗的整体视野。

2006 年，迎来了大运河申遗过程中的转折性时刻，在全国政协十届四次会议上，58 位政协委员联合提交了《应高度重视京杭大运河的保护和启动"申遗"工作的提案》，号召从战略高度上启动对京杭大运河的抢救性保护工作，并呼吁在适当的时候申报大运河世界遗产项目[①]。2006 年 6 月，京杭大运河被列为第六批全国重点文物保护单位之一。12 月，国家文物局将京杭大运河列在《中国世界文化遗产预备名单》的第一位并开始了大运河申报世界文化遗产的工作。

扬州因其深厚的大运河文化底蕴及独特优势，承担起了中国大运河联合申遗的带头作用并于 2007 年 9 月挂牌成立了大运河联合申遗办公室。

从 2007 年开始，大运河保护与申遗工作会议每年召开一次，目的是安排及推进大运河的申遗工作。同时举办世界运河名城博览会暨运河名城市长论坛，汇集多方智慧，共同为运河申遗工作建言献策。

2008 年，京杭大运河正式更名为中国大运河，更名后的运河除了原有的京杭大运河之外，还扩充进了相关河段。大运河的更名使其申报世界文化遗产迈出了重要的一步。

经过多年的努力，终于在 2014 年 6 月 22 日卡塔尔首都多哈举行的联合国教科文组织（UNESCO）第 38 届世界遗产大会上，中国大运河被列入《世界遗产名录》，成为我国第 46 项世界遗产和第 32 项世界文化遗产。

大运河流经中国 8 省市 33 城市，其支流长度达到 3000 公里，远超国外十大著名运河（苏伊士运河、巴拿马运河等）累加的总长度。同时，大运河不仅是世界上由国家修建的最广阔、最古老的内河水道系统，也是世界建造时间最早、使用最久、空间跨度最大的人工运河。大运河开凿至今1600 多年[②]，既给中华民族留下了灿烂辉煌的物质和非物质文化遗产，又给世界留下了独一无二

---

① 　罗敏.中国大运河，涛声依旧望申遗［N］.第一财经日报，2007–11–02（D01）.

② 　赵晓霞，石畅，孙懿.大运河丝路同登世界遗产名录 丝路三国联手开先河［N］.人民日报海外版，2014–06–23（001）.

的遗产财富。

三、大运河国家文化公园

近年来，随着国家对传统文化及历史文化遗产重视程度的加深，大运河在新时代的重要作用进一步凸显。2017 年 5 月印发的《国家"十三五"时期文化发展改革规划纲要》中明确提出，我国将依托长城、大运河、黄帝陵、孔府、卢沟桥等重大历史文化遗产，规划建设一批国家文化公园，形成中华文化的重要标识。第一次正式提出建立大运河国家文化公园。随后，关于大运河的官方文件相继出台。2019 年 2 月，印发了《大运河文化保护传承利用规划纲要》，2019 年 7 月 24 日，中共中央总书记、国家主席、中央军委主席习近平主持召开中央全面深化改革委员会会议，审议通过了《长城、大运河、长征国家文化公园建设方案》。2021 年 4 月 25 日，根据国家发展改革委等 7 部门印发的《文化保护传承利用工程实施方案》，到 2025 年，大运河、长城、长征、黄河等国家文化公园建设基本完成，打造形成一批中华文化重要标志，相关重要文化遗产得到有效保护利用，一批重大标志性项目综合效益有效发挥，承载的中华优秀传统文化传承发展水平显著提高。2021 年 8 月，国家文化公园建设工作领导小组印发《大运河国家文化公园建设保护规划》。在国家政策的大力支持下，大运河的重要性被放置在更加突出的位置，关于大运河的一系列探索与研究正如火如荼地进行。

第二章 大运河国家文化公园的发展现状

第一节 大运河国家文化公园的空间分布

大运河国家文化公园包括京杭大运河、隋唐大运河、浙东运河3个部分，通惠河、北运河、南运河、会通河、中（运）河、淮扬运河、江南运河、浙东运河、永济渠（卫河）、通济渠（汴河）10个河段，涉及北京、天津、河北、江苏、浙江、安徽、山东、河南8个省市。

大运河北京段全长82公里，横跨昌平、顺义、海淀、西城、东城、朝阳、通州七区，其中被纳入大运河国家文化公园建设的区域为流经朝阳区和通州区的通惠河段以及与天津共享的北运河段。通州作为大运河的北起点，曾是历史上盛极一时的皇家码头，其境内流域达42公里。

大运河天津段南起静海区九宣闸，北至武清区木厂闸，包括流经天津和北京通州的北运河以及天津和山东临清的南运河，南、北运河与海河在天津三岔口相汇。天津段运河全长182.6公里，途经静海、西青、南开、红桥、河北、北辰、武清七区。其中，全长71公里的北、南运河天津三岔口段成功申请世界文化遗产。

大运河在河北省流经廊坊、沧州、衡水、邢台、邯郸5个设区市以及雄安新区，总长约530公里，沟通海河和黄河两大水系，涵盖北运河、南运河、卫运河、卫河及永济渠遗址。河北段大运河"两点一段"即衡水景县华家口夯土险工、沧州东光县连镇谢家坝、沧州至德州段运河河道位列大运河世界文化遗产。其中，沧州段南运河全长 215 公里，流经吴桥、东光、南皮、泊头市、沧县、新华区、运河区、青县等县市区。衡水段位于市境东部与沧州市、山东省德州市交界处，由南向北流经衡水市的故城、景县、阜城三县。2021 年，沧州市启动中国大运河非物质文化遗产公园建设，该公园位于沧州市区北部，总面积约 4000 亩，由园博园、中国大运河非物质文化遗产展示中心、沧州大化工业遗产提升改造区构成，为沧州大运河文化的展示提供了平台。

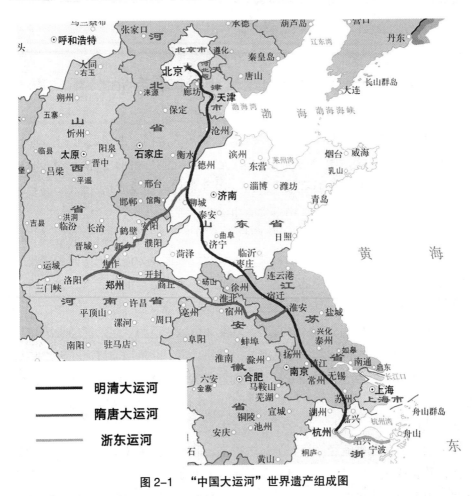

图 2-1 "中国大运河"世界遗产组成图

大运河山东段流经德州、临清、聊城、济宁和枣庄 5 市 16 个县（市、区），南起山东与江苏两省交界处的大王庙闸，北到德州德城区第三店，全长 643 公里。申报遗产区的部分包括南运河德州段、会通河临清段（元运河、小运河）、会通河阳谷段、会通河南旺枢纽段、小汶河、会通河微山段、中河台儿庄段等8个河段，占全部27个河段的近三分之一，总长186公里，遗产区面积16603公顷，缓冲区面积29501公顷。2021年，山东省5市立足自身运河资源特色，重点谋划各市域内大运河国家文化公园建设，聚力文旅融合发展，谋划山东省运河文化新篇章。

江苏境内的大运河全长690公里，流经徐州、宿迁、淮安、扬州、镇江、常州、无锡和苏州8个城市，是京杭大运河上水道最长、文化遗存最多、保存状况最好和利用率最高的省份。《大运河国家文化公园（江苏段）建设规划》中，确定了由沿河沿线8市和与运河紧密相关的3市（南京、泰州、南通）共同组成"8+3"格局，重点打造10处大运河国家文化公园核心展示园，合力建设江苏省大运河国家文化公园。

大运河的末端途经浙江省嘉兴市、湖州市和杭州市，连通浙东运河所经的绍兴市和宁波市。运河杭州段是京杭大运河最南端，总长39公里，起于余杭塘栖，止于坝子桥，流经余杭区、拱墅区、下城区和江干区四个城区。杭州既是京杭大运河的终点，也是浙东运河的起点。浙东运河西起杭州市滨江区西兴街道，跨曹娥江，经过绍兴市，东至宁波市甬江入海口，全长239公里。杭、嘉、湖、越、甬五地将运河文化和各城市特色相结合，建设了包括京杭大运河博物院在内的16个大运河国家文化公园项目，全面推进大运河国家文化公园建设。

大运河河南段主要包括大运河通济渠、永济渠及京杭大运河会通河台前段，流经洛阳、郑州、开封、商丘、焦作、新乡、鹤壁、安阳、濮阳9个省辖市和巩义、滑县、永城3个省直管县（市），核心区共包括40个县（市、区），已探明的河道长度为686公里，遗产面积约200平方公里。隋唐大运河以洛阳为中心，以通济渠、永济渠为"人"字状两大撇捺延伸，成为中国古代南北交通的大动脉。为更好地实现隋唐大运河河南段的遗产保护与开发，河南省正积极推进隋唐洛阳城、北宋东京城等争创国家文化公园。

大运河安徽段是通济渠的重要河段，西起淮北市濉溪县与河南省商丘市永城市的交界处，流经宿州市，又经灵璧县、泗县进入江苏泗洪县境内，全长约

180 公里，其中有水河段约 47 公里，地下河道遗址约 133 公里。其中，柳孜运河遗址、通济渠泗县段已被列入《世界遗产名录》。2021 年，安徽省大运河国家文化公园标志性项目淮北市柳孜运河遗址区建设项目开工，有序推进安徽省大运河国家文化公园建设的进展。

第二节　大运河国家文化公园的资源遗存

大运河国家文化公园资源涵盖丰富，既有反映社会历史沿革和航运通衢发展的物质文化资源，又有表征地域风土人情、展现中华文明的非物质遗产传承的精神文化资源。大运河沿线拥有世界文化遗产 19 项，全国重点文物保护单位 1606 处，历史文化名城名镇名村 277 项，博物馆 2190 座，作为规划保护重点的大运河代表性文物 368 项和 450 余项国家级非遗项目清单，使得大运河成为中华民族最具代表性的文化标识之一。中国大运河文化遗产的子项目包括河道遗产 27 段和 58 处遗产点，其中水工遗存 63 处，运河附属遗存 9 处，运河相关古建筑群、历史文化街区 12 处，综合遗存 1 处。厘清大运河国家文化公园沿线省市所具有的资源遗存，对于将大运河国家文化公园打造成为中华文化的重要标志具有基础性意义。

一、北京市

大运河北京段沿线文化资源总体呈线性分布，具有级别高、布局密、类型丰和跨时长的特征。根据 2018 年《北京大运河文化带旅游资源普查报告》显示，大运河沿线各区、各河段资源特色差异性显著，资源优势各有偏重。

以白浮泉遗址为代表的大运河源头文化是昌平区的重点文化资源；顺义区将湿地森林资源融合北运河水系，生态文化景观资源凸显；海淀区的长河段水域代表了以北方皇家园林为主体的帝都文化资源；西城区和东城区域内的什刹海—玉河故道段人文休闲与商业集聚特征明显，城市湖泊景观、古河道遗址和历史文化街区资源丰富；朝阳区通惠河沿线坐拥优质的滨河游憩资源，且其外部辐射效益突出，坝河段则集中了古代劳动人民智慧结晶的一众运河水利设施工程；通州区境内的北运河段是大运河北京段中资源最为丰富多样的区域，以大运河森林公园为代表的生态资源和以三庙一塔、张家湾古镇遗址等为代表的人文资源相互融通，呈现出人文生态互补的资源特征。

北京大运河呈现虚实结合的遗产构成形式。物质文化遗产共40项。其中水利工程遗产共31项，包括：河道5项；水源4项；水利工程设施（闸）7项；航运工程设施10项（桥梁8项，码头2项）；古代运河设施和管理机构遗存（仓库）5项。其他运河物质文化遗产共9项，包括古遗址6项；古建筑2项；石刻1项（表2-1）。北京大运河还有丰富的非物质遗产11项（表2-2）。

表2-1 北京大运河物质文化遗产名单

遗产编码	遗产类别			遗产名称	所处区县	始建朝代	现状保护级别
01	水利工程遗产	河道	运河河道	通惠河（包括今通惠河与通州一段故道）	朝阳区、通州区	元	通州故道为区保
02				通惠河故道（今玉河故道）	东城区、崇文区	元	区保
03				白河（今北运河）	通州区	元	
04			人工引河	坝河	朝阳区	元	
05				南长河（今昆玉河北段与长河）	海淀区	元	
06		水源	泉	白浮泉（含九龙池与都龙王庙）	昌平区	元	市保
07				玉泉山诸泉	海淀区	金	玉泉山为国保
08			湖泊	瓮山泊（今颐和园昆明湖）	海淀区	元	颐和园为国保，世界文化遗产
09				积水潭（今什刹海）	西城区	元	
10		水利工程设施	闸	广源闸（包括龙王庙）	海淀区	元	区保
11				万宁桥（包括澄清上闸遗址）	西城区	元	市保
12				东不压桥遗址（包括澄清中闸遗址）	东城区	元	区保
13				庆丰上闸遗址	朝阳区	元	
14				平津上闸遗址	朝阳区	元	

续表

遗产编码	遗产类别			遗产名称	所处区县	始建朝代	现状保护级别
15	水利工程遗产	水利工程设施	闸	颐和园昆明湖绣漪闸	海淀区	清	国保
16				高梁（闸）桥	海淀区	元	区保
17		航运工程设施	桥梁	德胜桥	西城区	明	区保
18				银锭桥	西城区	明	区保
19				永通桥（包括御制通州石道碑）	通州区	明	市保（与石道碑一起公布）
20				通济桥遗址	通州区	明	
21				广利桥（包括镇水兽）	通州区	明	区保
22				通运桥	通州区	明	市保（与张家湾城墙一起公布）
23				张家湾东门桥	通州区	明	
24				张家湾虹桥	通州区	明	
25			码头	张家湾码头遗址	通州区	辽	
26				里二泗码头遗址	通州区	元	
27		古代运河设施和管理机构遗存	仓库	北新仓	东城区	明	市保
28				南新仓	东城区	明	市保
29				禄米仓	东城区	明	市保
30				通州大运中仓遗址	通州区	明	仓墙为区保
31				通州西仓遗址	通州区	明	
32	其他运河物质文化遗产	古遗址		神木厂址（包括神木谣碑）	朝阳区	明	
33				通州城北垣遗址	通州区	元、明	区保
34				张家湾城墙遗迹	通州区	明	市保（与通运桥一起公布）
35				皇木厂遗址（包括古槐）	通州区	明	古槐为区保
36				花板石厂遗址（包括遗石若干）	通州区	明	
37				上、下盐厂遗址（包括下盐厂石权）	通州区	明	

遗产编码	遗产类别		遗产名称	所处区县	始建朝代	现状保护级别
38	其他运河物质文化遗产	古建筑	玉河庵（包括玉河庵碑）	东城区	清	区保
39			燃灯佛舍利塔	通州区	北周	市保
40		石刻	王德常去思碑	东城区	元	

资料来源：《大运河遗产保护规划（北京段）》

表 2-2　北京大运河非物质文化遗产名单

遗产编码	遗产类型	遗产名称
41	地名	海运仓
42		与运河相关的胡同名、街道名
43		通州区若干个村庄的村名
44	传说	宝塔镇河妖
45		铜帮铁的古运河
46		八里桥的故事——"扒拉桥"
47		不挽桅
48		乾隆游通州的奇闻逸事
49		萧太后河的来历
50	风俗	通州运河龙灯会
51	其他	通州运河船工号子

资料来源：《大运河遗产保护规划（北京段）》

二、天津市

天津境内大运河全长 182.6 公里，列入申遗河段的北、南运河天津三岔口段长度 71 公里，遗产区面积 975 公顷。在《天津市大运河文化保护传承利用实施规划》中，明确了市大运河沿线各级文物保护单位 55 处，相关不可移动实物遗存 29 处（其中运河水工遗存 13 处，运河附属遗存 4 处，运河相关遗产 12 处），沿线国家级和市级非物质文化遗产 122 处（其中国家级 10 项，市级 112 项）。

北运河北起武清区木厂闸，南运河南起静海区九宣闸，两河至三岔河口相汇，并入海河，是一条沟通南北的重要漕运河道。南、北运河交汇的三岔河口一带，是天津运河文化资源最聚集的一带，也是体现津门文化最为深刻的地方。作为大运河的中转枢纽，天津码头在历史上设有众多钞关、盐关，以及服务于航运商贸流通的银号、钱庄、地域会馆，形成了九宣闸、静海独流木桥、天津广东会馆等商业功能性物质文化遗产；同时，三岔河口还是各种宗教庙宇最为集中的地方，在其南、北两岸有佛教大悲院、伊斯兰教清真寺、天主教望海楼、道教玉皇阁、儒教文庙、妈祖文化的天后宫等，构成了独特的宗教文化资源；运河沿线的北洋大学堂旧址、石家大院、平津战役天津前线指挥部旧址等见证了中国革命筚路蓝缕的历程，是运河革命文化的代表；李叔同故居、冯国璋旧居、梁启超饮冰室书斋等厚重的人文资源积淀反映出天津的名人文化（表 2-3）。除此之外，天津与大运河息息相关的非物质文化遗产也异彩纷呈。反映天津传统非遗技艺的泥人张、独流老醋、北辰农民画、北辰剪纸和音法鼓乐舞等，突出展现了津门文化气质；国家级非物质文化遗产杨柳青木版年画更是与苏州的桃花坞年画并称"南桃北柳"，成为年画领域的翘楚。

总体来说，天津大运河文化公园建设区域内文化资源品类多、领域广、乡土气息重，条带状集聚分布明显，为大运河国家文化公园的建设提供了着力点，有利于为静态空间布局注入流动的文化灵魂。

表 2-3　天津运河及沿线旅游资源汇总表

	运河功能性建筑	屈家店水利枢纽、闸，古河道，运河码头，千年步道
古建筑	起居性建筑	乾隆驿站、大光楼、刘绍棠纪念馆、浩然纪念馆、十八段胡同、刘白羽纪念馆、高占祥纪念馆、漕运博物馆
	文化观赏性建筑	燃灯佛舍利塔、黄亭子、"面人汤"艺术馆、"蛟龙祠"主题雕像馆、帆形灯
	古建筑群	三教比邻建筑群
	地下遗存与沉船	张湾沉船

续表

园林	公共游憩园林	北洋园、御河园、娱乐园、运河生态公园、大运河水梦园、帆影广场、西沽公园、滨河公园、武清运河广场、双龙公园等
特色聚落	特色古镇	张家湾、北仓、老米店村、杨柳青镇

来源：霍雨佳.遗产廊道视角下京杭大运河天津段旅游发展研究［D］.2013.

三、河北省

大运河河北段总长约 530 公里，包括隋唐大运河和京杭大运河。其中，南运河沧州—衡水段、连镇谢家坝和华家口险工"两点一段"被列入大运河世界文化遗产。河段内人工弯道密集，原生态景观风貌样态真实，沿岸有华北明珠白洋淀、吴桥杂技大世界、沧州铁狮子、东光铁佛寺、大名古城等高质量旅游资源，被誉为"活着的遗产走廊与生态走廊"。

大运河河北段沿线遗产类型多样、分布广泛、体量巨大、文化价值高，具有多样性及复杂性的特征。河北省文物局公布的大运河（河北段）文化遗产名录中，共有 74 处文化遗产，包括北运河等 32 处大运河水利工程遗产以及宝庆寺等 42 处其他相关文化遗产（表 2-4）。从河段上看，廊坊段大运河属于北运河，流经香河县，孕育出了国家非遗项目中的民间花会表演—中幡。沧州段大运河是河北省大运河文化遗产聚集密度最高的河段，共有文化遗存 176 处，包括世界文化遗产 2 处（大运河本体、连镇谢家坝），国家级文物保护单位 7 处。其中，吴桥段"九曲十八弯"的龙形走势构成了得天独厚的运河景观，非遗吴桥杂技也应运而生。得益于大运河，吴桥杂技艺人北上、南下，书写了享誉世界的吴桥杂技传奇。衡水段大运河华家口夯土险工，代表了"糯米砂浆"古法铸造运河大坝的典型技术，原生古河道形态在沧州至衡水段河道中也得到了较为完整的遗存。大运河邢台段亦拥有丰富的文物遗迹，现已发现大运河寺庙遗址、古村落遗址、古驿站、沉船遗址等共 7 处文化遗产资源。邢台的油坊码头和廊坊的红庙码头都较为完整地保存了运河两岸居民的民俗、民风及生活面貌，再现了清代码头的运营状况。邯郸段大运河则留下了古永济渠、尖冢码头、大名府等运河历史遗迹。

表2-4 大运河（河北段）文化遗产名录

序号	名称	年代	保护单位级别	所在地
		一、大运河水利工程遗产		
1	北运河	隋至清	国保	香河县
2	南运河	东汉至清	国保	故城县、景县、阜城县、吴桥县、东光县、泊头市、南皮县、沧县、沧州市、青县
3	卫运河	东汉至清	国保	故城县、清河县、临西县、馆陶县
4	卫河	东汉至清		魏县、大名县
5	永济渠遗址	东汉至隋唐		馆陶县、大名县、魏县
6	凤港减河	20世纪60年代		香河县
7	牛牧屯引河	1946年		香河县
8	青龙湾减河	清		香河县
9	马厂减河	清		青县
10	兴济减河遗址	明		青县
11	捷地减河	明、清		沧县、黄骅市
12	四女寺减河	明、清		吴桥县、东光县、南皮县、盐山县、海兴县
13	红庙村金门闸	清	国保	香河县
14	土门楼枢纽	1974年		香河县
15	崔家坊河堤遗址	清		文安县
16	安陵枢纽	1972年		吴桥县
17	北陈屯枢纽	1971年		沧州市
18	泊头石焱坝挑水坝	20世纪30年代		泊头市
19	东光码头沉船遗址	宋至民国	县保	东光县
20	东南友谊闸	1958年		东光县
21	捷地分洪设施	明、清	国保	沧县
22	连镇谢家坝	清末	国保	东光县
23	肖家楼枢纽	1960年		沧县
24	周官屯穿运枢纽	1966年、1967年、1984年		青县

续表

序号	名称	年代	保护单位级别	所在地
25	戈家坟引水闸	1958年、1973年		阜城县
26	华家口夯土险工	民国元年（1911年）	国保	景县
27	郑口挑水坝	民国	国保	故城县
28	安陵桥遗址	民国		景县
29	穿卫引黄枢纽	1993~1995年		临西县
30	尖庄水工设施	1957年		临西县
31	油坊码头遗址及险工	民国	国保	清河县
32	朱唐口险工	清末至现代	国保	清河县
	二、其他相关文化遗产			
33	宝庆寺	1921年	县保	香河县
34	胜芳张家大院	清	省保	霸州市
35	胜芳王家大院	清	省保	霸州市
36	胜芳杨家大院	1928年	县保	霸州市
37	堤工段落碑	清光绪元年		文安县
38	永济桥碑	清康熙三十三年		文安县
39	正泰茶庄	1914年	省保	沧州市
40	马厂炮台	清末	国保	青县
41	青县铁路给水所	清末、民国	省保	青县
42	齐堰窑址	明		泊头市
43	泊头清真寺	明	国保	泊头市
44	沧州旧城	唐、宋	国保	沧县
45	蟆头城址	明		沧州市
46	水月寺遗址	明、清		沧州市
47	清真北大寺	明	省保	沧州市
48	连镇铁路给水所	1908年		东光县
49	沧州市面粉厂旧址	1921~1970年		沧州市
50	海丰镇遗址	金	国保	黄骅市
51	孙福友故居	1934年	省保	吴桥县

序号	名称	年代	保护单位级别	所在地
52	沧州文庙	明、清	省保	运河区
53	贝州故城遗址	宋	国保	清河县
54	益庆和盐店旧址	清末至民国	县保	清河县
55	拆堤开沟碑	清乾隆二年		清河县
56	元侯祠	嘉靖二十三年至隆庆六年间		清河县
57	陈窑窑址	明		临西县
58	临清古城遗址	北魏至金	国保	临西县
59	八里圈清真寺		省保	临西县
60	十二里庄教堂	清光绪	省保	故城县
61	北留固石灰窑	20世纪60年代		魏县
62	徐万仓遗址			馆陶县
63	大名府故城	宋	国保	大名县
64	大名山陕会馆	清		大名县
65	大名窑厂村窑址	清		大名县
66	大名古城墙	明建文三年（1401年）	省保	大名县
67	大名清真东寺	明		大名县
68	金北清真寺	元末	县保	大名县
69	大名龙王庙			大名县
70	大名天主堂	1921年	国保	大名县
71	龙王庙石灰窑	20世纪50年代		大名县
72	沙圪塔诫碑		省保	大名县
73	开福寺舍利塔	北宋	国保	景县
74	邺城遗址	曹魏至北齐	国保	临漳县

资料来源：河北省文物局

四、山东省

京杭大运河山东段是山东省继泰山、曲阜三孔和齐长城后的第四个世界遗产，包括 8 段河道、15 个遗产点。大运河沿线拥有丰厚的文化遗产资源，现存 20 处古遗址、16 处古建筑、10 处古墓葬；还拥有 2 处国家级历史文化名城、2 处省级历史文化名城以及 10 处国家级、65 处省级重点文保单位，市县级文保单位更是遍及运河两岸。

从内容上看，山东段大运河的文化遗产资源丰富多样。以汶上南旺分水枢纽、东平戴村坝等为代表的的水利航运设施遗存，保留了传统运河工程技术的典范；临清贡砖、苏禄王墓、济宁东大寺等见证着运河沟通南北、连接中外的历史使命，展现出中华文明进程的多样性；台儿庄古城、南阳古镇、夏镇等再现了北方重镇的辉煌面貌；山东大鼓、山东琴书、鲁西南鼓吹乐等非遗项目生动展示了山东运河区域的民俗风情……无论是静态的物质文化遗产，还是活态的非物质文化遗产，大运河山东段的资源优势都是有目共睹的，这为山东省打造优质大运河国家文化公园打下了坚实的资源基础（表 2–5）。

表 2–5　山东段大运河文化旅游资源分类表

主类	亚类	基本类型	资源
B水域风光	BB天然湖泊与池沼	BBA观光游憩湖区	聊城东昌湖、微山湖红荷湿地公园
E遗址遗迹	EB社会经济文化活动遗址遗迹	EBB军事遗址与古战场	台儿庄大战遗址、铁道游击队纪念公园
		EBC废弃寺庙	济宁南旺分水龙王庙
F建筑与设施	FA综合人文旅游地	FAC宗教与祭祀活动场所	聊城白马寺、临清清真寺、汶上宝相寺、济宁东大寺、临清大宁寺、台儿庄清真寺
		FAD园林游憩区域	临清宛园、姜堤乐园、聊城凤凰苑科技园
		FAE文化活动场所	聊城中华水上古城、台儿庄古城旅游区
		FAG社会与商贸活动场所	济宁秀水城、临清运河钞关
	FC景观建筑与附属建筑	FCA佛塔	聊城铁塔、汶上黄金塔、
			临清舍利塔
		FCC楼阁	聊城光岳楼、聊城海源阁、济宁太白楼、济宁声远楼、临清鳌头矶

续表

主类	亚类	基本类型	资源
F建筑与设施	FD居住地与社区	FDB特色街巷	济宁竹竿巷、聊城越河圈街、临清老街、德州新建运河古街、德州董子文化街
		FDC特色社区	德州四女寺古镇、微山南阳古镇、微山夏镇
		FDD名人故居与历史纪念建筑	临清季羡林纪念馆、聊城运河文化博物馆、孔繁森同志纪念馆、台儿庄战役纪念馆、枣庄运河博物馆
		FDF会馆	聊城山陕会馆
	FE归葬地	FEB墓群	德州苏禄王墓
	FG水工建筑	FGD堤坝段落	东平戴村坝
G旅游商品	GA地方旅游商品	GAA菜品饮食	临清小吃、济宁甏肉干饭、济宁运河酥鱼、枣庄辣子鸡、枣庄羊汤
		GAB农林畜产品与制品	德州扒鸡、聊城铁公鸡、济宁玉堂酱菜、微山湖咸鸭蛋
		GAE传统手工产品与工艺品	东昌木板年画、东昌毛笔、东昌葫芦
H人文活动	HA人物记录	HAA人物	季羡林、程咬金、颜回
			鲁班
		HAB事件	国学大师、开国元勋
			周游列国、鲁班传说
	HC民间风俗	HCC民间演艺	聊城杂技、柳琴戏、鲁西南鼓吹乐
	HD现代节庆	HDA旅游节	聊城江北水城旅游节、微山湖荷花节、德州董子文化旅游节
		HDB文化节	鲁风运河美食节、台儿庄乡村旅游文化节、济宁太白湖文化节、东平水浒文化节、枣庄温泉文化旅游节

资料来源：《大运河山东段文化旅游开发研究》

五、江苏省

京杭大运河江苏段纵贯江苏全境，连接了长江、淮河两大河流，沟通了太湖、高邮湖、洪泽湖、骆马湖、微山湖五大湖泊，将楚汉文化、淮扬文化、吴文化等地域文化有机串联起来。大运河江苏段是中国大运河文明的制高点，其文化遗产呈现出多元化的特征，遗产类型多样，遗产数量丰富。其中，列入世界遗产名录的遗产区核心面积约占全国的 50%、遗产河段长度约占全国的 33%、遗产点数量约占全国的 40%。

根据《旅游资源分类、调查与评价》的国家标准，江苏省运河沿线旅游资源共涉及 8 个主类，31 个亚类，基本类型达到 132 个，占全部类型总量的 84%，且沿线资源分布南北互补，城乡结合，疏密有序，逐步形成了淮安、扬州、无锡、苏州四个资源密集区和繁星似锦的点、线、片的资源布局。

江苏段大运河流经河道中入选世界文化遗产的 6 段河道分别为：淮扬运河淮安段、淮扬运河扬州段、江南运河常州城区段、江南运河无锡城区段、江南运河苏州段和中运河宿迁段。其中包括 22 处历史文化遗存，分别为淮安的清口枢纽水工设施、双金闸水工设施、清江大闸水工设施、洪泽湖大堤水工设施、总督漕运公署遗址管理设施，扬州的刘堡减水闸水工设施、孟城驿配套设施、邵伯古堤水工设施、邵伯码头水工设施、瘦西湖湖泊、天宁寺行宫古建筑群、个园古建筑群、汪鲁门宅古建筑群、盐宗庙古建筑群、卢绍绪宅古建筑群，无锡的清名桥历史文化街区，苏州的盘门水工设施、宝带桥水工设施、山塘河历史文化街区、平江历史文化街区、吴江古纤道水工设施，宿迁的龙王庙行宫管理设施。

表 2-6　江苏省大运河物质文化遗产代表性资源

城市	大类	中类	名称
苏州市	核心遗产	河道	苏州运河城区故道-环城河、苏州运河城区故道-山塘河、苏州运河城区故道-古运河、苏州运河城区故道-上塘河、苏州运河城区故道-胥江、京杭运河苏州至吴江平望段、江南运河吴江段（苏嘉运河）、京杭运河无锡至苏州段（苏州段）、頔塘河吴江段
		水工	盘门、宝带桥、吴江古纤道、上津桥、下津桥、吴门桥、灭渡桥、安民桥、三里桥、安德桥、苏州灭渡桥水文观测站、垂虹断桥、行春桥、普济桥、彩云桥

城市	大类	中类	名称
苏州市	核心遗产	制度	十里亭（浒墅关修堤记碑）、苏州织造署旧址、横塘驿站、苏州关税务司署旧址、铁铃关、三里亭
		相关	山塘河历史文化街区、平江历史文化街区、云岩寺塔、全晋会馆、先蚕祠、胥门、陆慕御窑址、城隍庙工字殿（三横四直图碑）、寒山寺、阊门、金门、皇亭三碑、永丰仓船埠、苏州古城墙
无锡市	核心遗产	河道	无锡城区运河故道（清名桥段）、无锡城区运河故道（环城段）、现京杭运河常州至无锡段（无锡段）、现京杭运河无锡至苏州段（无锡段）、胥河（宜兴段）、锡澄运河
		水工	清名桥、大公桥、伯渎桥、定胜桥、乌龙潭渡口、黄埠墩、西水墩、锡澄运河南北新桥、扬名大桥
		相关	清名桥历史文化街区、寄畅园、大窑路窑群遗址、惠山镇祠堂（十个）、惠山寺庙园林、张中丞庙、二泉书院、惠山镇祠堂群（四个）
常州市	核心遗产	河道	常州城区运河故道（古运河）、京杭运河镇江至常州段（常州段）、京杭运河常州至无锡段（常州段）、孟河、胥河（溧阳段）
		水工	文亨桥、飞虹桥、新坊桥、广济桥、万安桥、青果巷码头群及古纤道、万缘桥、中新桥、彩虹桥
		相关	青果巷历史文化街区、西瀛里明城墙
镇江市	核心遗产	河道	镇江城区运河故道、京杭运河（镇江段）、丹徒河、镇江古运河辛丰段、丹阳西门运河、破岗渎、上容渎、练湖
		水工	虎踞桥、开泰桥、京口闸遗址、玉山大码头遗址、老西门桥、湖闸、丁卯桥遗址、镇江潮水位站、萃路桥、甘露渡遗址、袁公渡遗址、南水关石闸、丹徒闸
		制度	救生会旧址
		相关	新河街、西津渡历史文化街区、宋元粮仓遗址、铁瓮城遗址、大运河义渡碑、盐栈
扬州市	核心遗产	河道	淮扬运河扬州段-古邗沟故道-扬州城区段、淮扬运河扬州段-瓜洲运河、淮扬运河扬州段-宝应明清运河故道、淮扬运河扬州段-高邮明清运河故道、淮扬运河扬州段-邵伯明清运河故道、淮扬运河扬州段-扬州古运河、瘦西湖、宝应宋泾河、邗沟东道、子婴减河、京杭运河扬州段、白塔河、老通扬运河（扬州段）、仪扬运河

续表

城市	大类	中类	名称
扬州市	核心遗产	水工	刘堡减水闸、邵伯古堤、邵伯码头、高邮段里运河东堤、茱萸湾古闸、宝应跃龙关遗址、高邮段里运河西堤、高邮御码头、耿庙石柱、平津堰遗址、邵伯老船闸、子婴减河闸、仪征东门水门遗址、界首小闸、拦潮闸遗址、救生港水闸、宝应御码头遗址、山阳大闸、三湾
		制度	盂城驿、天宁寺行宫（含重宁寺）、高旻寺行宫、两淮都转盐运使司衙署、盐务稽核所、两淮盐务总栈旧址、扬州钞关、邵伯巡检司署遗址、盐运司衙署门厅、州署头门、魏源故居
		相关	个园、卢绍绪宅、汪鲁门宅、盐宗庙、莲花桥和白塔（瘦西湖）、扬州城遗址、东关街历史文化街区、南河下历史文化街区、高邮南门大街历史地段、汪氏小苑、普哈丁墓、仙鹤寺、何园、马棚湾铁牛、镇国寺塔、邵伯铁牛、江北运河复堤碑记碑、贾氏盐商住宅、扬州大明寺、小盘谷、隋炀帝墓、文峰塔、邗沟大王庙、蔼园-盐务会馆、冯氏盐商住宅、湖北会馆、黄氏盐商住宅、贾氏宅（同福祥盐号）、旌德会馆、刘氏盐商住宅、山陕会馆、魏氏盐商住宅、许氏盐商住宅、浙绍会馆、诸姓盐商住宅、商会会馆旧址、厂盐会馆、南河下黄氏盐商住宅、广陵路钱业会馆、湾头镇陈氏住宅、湾头镇壁虎石雕、陈瑄纪念室、詹家巷盐仓、陈氏宅（盐仓）、丁姓盐商住宅、湖南会馆、乾隆三十三年碑、都会街44号名居
淮安市	核心遗产	河道	淮扬运河淮安段-里运河、淮扬运河淮安-张福河、淮扬运河淮安段-京杭运河-淮安中运河段、黄河故道（淮安段）、京杭运河（淮阴闸至淮安闸）、京杭运河（淮安船闸以南）、洪泽湖、盐河（淮安段）
		水工	洪泽湖大堤、双金闸、清江大闸、清口枢纽遗址、淮安三百六十丈月堤、淮安里运河石驳岸、淮安古运河石码头、淮安古运河石堤、龟山御码头遗址、板闸遗址、古末口遗址、龟山遗址、高良涧进水闸、二河闸、三河闸、盱眙淮河石堤遗址
		制度	总督漕运公署遗址、河道总督署遗址及清晏园、丰济仓遗址、淮安钞关遗址、盘粮厅遗址、两淮批验盐引所遗址
		相关	御制重修惠济祠碑、乾隆阅河诗碑、康熙乾隆御碑（淮安）、高家堰铁牛、高良涧铁牛、三河铁牛清江浦楼、清江清真寺、吴公祠、陈潘二公祠、琉球国京都通事郑文英墓、河下历史文化街区、淮安府衙、镇淮楼、盱眙泗州城遗址、第一山题刻、文通塔、裴荫森故居、清江文庙

续表

城市	大类	中类	名称
宿迁市	核心遗产	河道	中运河（皂河-中河）、通济渠（泗洪段）、黄河故道（宿迁段）、洪泽湖
		水工	李口吴集月堤、新袁杨大滩月堤、竹络坝、皂河老船闸、老汴河
		制度	龙王庙行宫（含御马路）
		相关	宿迁大王庙、泗阳天后宫、宿预故城遗址、桃源故城遗址、顺河集行宫遗址、救浚挑修河道工程
徐州市	核心遗产	河道	中运河（泇河）、老不牢河邳州段、黄河故道徐州吕梁至淮安清口段、黄河故道丰县至吕梁段、京杭运河湖西航道、会通河遗迹
		水工	白家桥、燕桥、护城石堤、荆山桥
		制度	徐州乾隆行宫
		相关	窑湾镇历史街区、疏凿吕梁洪记碑、下邳故城遗址、户部山古建筑群、湖陵城遗址、广运仓遗址、彭城路一号明代州署遗址、"淮海第一关"摩崖题刻、黄楼、五省通衢牌坊、沽头城遗址、秦汉泗水郡汤沐邑城
南京市	核心遗产	河道	胭脂河、胥河（高淳段）、官溪河、外秦淮河（杨吴城壕段）
		水工	东水关遗址、七桥瓮、武庙闸、蒲塘桥、胭脂河天生桥、长乐桥、水阳江水牮、玄津桥、九龙桥、文德桥、襟湖桥、双河水闸、东坝遗址、松溪河闸、天生桥套闸、方山西北村堰埭类遗址、方山葛桥埭堰类遗址、龙都堰埠头埭堰类遗址、湖熟杜桂村埭堰类遗址
		制度	江宁织造府西花园遗址、国民政府导淮委员会办公旧址
		相关	明孝陵及功臣墓、南京城墙、明故宫遗址、秦淮民居群、魏源故居
泰州市	核心遗产	河道	老通扬运河
		水工	泰州城遗址-排水涵、泰州城遗址-南水门遗址、税务桥遗址
		制度	林则徐税务告示碑、管王庙、古海陵仓遗址
南通市	核心遗产	河道	老通扬运河、串场河
		水工	如皋城东水关遗址、如东范公堤、通州范公堤遗址、保安桥、泰安桥、海安范公堤残段遗址、三门闸、掘苴河
		相关	张謇墓、水绘园、掘港国清寺遗址、盐仓库遗址

续表

城市	大类	中类	名称
盐城市	核心遗产	河道	串场河、黄河故道盐城段
		水工	草堰石闸（鸳鸯闸）、西溪八字桥（含广济桥）、丁湾三孔砖桥、永宁桥、丁溪闸、范公堤大丰段遗址、万寿桥、范公堤东台段遗址、范公堤亭湖段遗址、范公堤建湖段遗址、范公堤阜宁段
		相关	海春轩塔
连云港市	核心遗产	河道	盐河（连云港段）
		水工	魏公堤遗址
		制度	板浦场盐课司署（李汝珍纪念馆）
		相关	盐仓城遗址、管干贞"俯瞰东暝"摩崖题刻、精勤书院、公济公司旧址、安乐坦涂碑、惠我周行碑、魏公堤碑、中正场魏公去思碑（残）

资料来源：根据《江苏省大运河文化遗产保护传承规划》整理

江苏运河沿线的非物质文化遗产，如昆曲、淮剧、苏州评弹、扬州评话等传统曲艺，苏绣、苏州核雕、扬州漆器、扬州剪纸、惠山泥人、宜兴紫砂等传统工艺，以及数量庞大的运河相关地名和丰富的民间文学传说，更加令人眼花缭乱。文化遗产之外，运河所承载的历史记忆也是运河文化带的重要内容。夫差开河与春秋争霸，刘濞凿渠与七国之乱，隋炀帝巡幸江都与隋唐风云，康熙、乾隆帝南巡与清初盛世，大大小小的名人逸事，都已写入江苏人乃至中国人的文化基因，是发展运河文化旅游的宝贵资源。

六、浙江省

浙江省内的大运河由京杭大运河中的江南运河（嘉兴—杭州段）以及浙东运河两部分组成。京杭大运河浙江段为漕粮北运提供了交通便利，而浙东运河是中国大运河内河航运通道与外海连接的纽带。浙江的吴越文化、江南文化等都离不开大运河的哺育和滋养。可以说，大运河奠定了浙北的城镇格局，孕育了浙江的文化特质，为浙江的发展提供了源源不竭的动力。

大运河沿线共有107处全国重点文保单位和5座国家历史文化名城。作为京杭大运河的最南端以及浙东运河的起点，杭州是中国大运河的一个重要节点。杭州段被纳入世界遗产的点包括富义仓、凤山水城门遗址、桥西历史街区、西兴过塘行码头、拱宸桥、广济桥、水利通判厅遗址、洋关旧址等多个遗产点，以及杭州塘段、江南运河杭州段、上塘河段、杭州中河－龙山河、浙东运河主线5段河道，其余世界遗产点分别为湖州南浔古镇、通益公纱厂旧址，绍兴八字桥、古纤道、永丰库遗址、清水闸；嘉兴长虹桥、长安闸、分水墩和落帆亭，宁波水则碑、三江口和庆安会馆（表2-7）。

表2-7　大运河浙江段段沿岸优良级旅游资源表

城市	单体类型	资源单体名称	等级
嘉兴市	观光旅游区	南湖	5
	文化层	马家浜文化遗址	4
	历史事件发生地	南湖红船	4
	宗教与祭祀活动场所	文生修道院	4
		修真观	4
		觉海寺	3
		清真寺	3
		圣母显灵堂旧址	3
		血印寺	3
		精严寺	3
		崇福寺金刚殿	3
		崇福孔庙大成殿	3
		凤鸣寺	3
		刘王庙	3
	佛塔	三塔	3
		壕股塔	3
	城堡	子城	4
	楼阁	清晖堂	3

续表

城市	单体类型	资源单体名称	等级
嘉兴市	传统与乡土建筑	乌镇水阁与楼阁	4
		高家洋房	3
	名人故居与历史纪念建筑	沈钧儒纪念馆	4
		缘缘堂	4
		金九避难处	3
		乌镇东栅与西栅	3
		韩国临时政府要员避难旧址	3
		夏同善翰林第	3
		吕园	3
	桥	长虹桥	4
		双桥	3
	运河与渠道段落	京杭运河嘉兴段	4
		京杭运河石门段	4
	书院	秀水县学明伦堂	3
		立志书院	3
	碑碣（林）	御碑亭	3
		揽秀园碑林	3
		南湖碑刻	3
	建筑小品	访踪亭	3
		"嘉禾之源"城雕	3
		修真观戏台	3
湖州市	传统与乡土建筑	张石铭旧居	5
		百间楼	4
		刘氏梯号	3
		求恕里	3

续表

城市	单体类型	资源单体名称	等级
湖州市	宗教与祭祀活动场所	佛铁寺	4
		利济寺	3
		布金寺	3
	名人故居与历史纪念建筑	张静江故居	4
	运河与渠道段落	京杭运河湖州段	4
		新市市河	3
		頔塘	3
	楼阁	嘉业堂藏书楼	5
		皕宋楼	3
	园林游憩区	颖园	4
		嘉业堂园林	3
		飞英公园	3
		莲花庄	3
		潜园	3
	桥	双林三桥	4
		新市古桥	3
		藤桥	3
		大小虹桥	3
		潮音桥	3
		潘公桥	3
	碑碣（林）	小莲庄碑廊	3
	祭拜场馆	范蠡祠	3
		小莲庄刘氏家庙	3
	建筑小品	宋铸铁观音像	4
		千甓亭	3
		莲花峰	3
		小莲庄牌坊、净香诗窟、牌匾	3

续表

城市	单体类型	资源单体名称	等级
杭州市	文化层	良渚	5
	运河与渠道段落	京杭运河杭州段	5
		上塘河杭州段	3
		京杭大运河余杭段	3
	名人故居与历史纪念建筑	杭州海关旧址	4
		衙前农民运动纪念馆	3
		章太炎先生故居	3
	佛塔	香积寺石塔	3
	桥	拱宸桥	3
		广济桥	3
	园林游憩区域	高家花园	3
		怡然园	3
	墓（群）	李成虎墓	3
		吴昌硕墓	3
	碑碣（林）	乾隆御碑	3
绍兴市	交通遗迹	古纤道	5
	运河与渠道段落	浙东运河	3
	名人故居与历史纪念建筑	绍兴近代名人故居群	5
		周恩来祖居	4
		秋瑾故居	4
		蔡元培故居	4
		百草园	4
		青藤书屋	4
		鲁迅祖居	4
		三味书屋	4
		鲁迅纪念馆	4
		范文澜故居	3
		戒珠讲寺	3
		周家新台门	3
		徐锡麟故居	3
		大通学堂	3

续表

城市	单体类型	资源单体名称	等级
绍兴市	桥	八字桥	5
		光祖桥	4
		广宁桥	4
		题扇桥	4
		太平桥	4
	园林游憩区域	绍兴东湖	4
		沈园	4
	祭拜场馆	曹娥庙	4
		禹庙	4
	宗教与祭祀活动场所	真神堂	3
		八字桥天主教堂	3
		普济寺	3
		峰山道场	3
	城堡	迎恩门	3
		越王台	3
	碑碣（林）	天香楼碑刻	3
宁波市	原始聚落遗址	河姆渡遗址	5
	历史事件发生地	"海上丝绸之路"起航地	5
		龙泉山四先贤文化遗址	4
		梁祝古迹遗址	3
	军事遗址与古战场	镇海口海防遗址	5
	楼阁	天一阁	5
		望海楼	3
		镇海鼓楼	3
	桥	灵桥	3
		通济桥和舜江楼	3

续表

城市	单体类型	资源单体名称	等级
宁波市	园林游憩区域	月湖	4
		天下玉苑	4
	祭拜场馆	秦氏支祠	4
		宁波江北天主教堂	4
		贺秘监祠	3
	城（堡）	安远炮台	4
		威远城	4
		月城	3
	名人故居与历史纪念建筑	瑞云楼（王阳明故居）	4
		江北岸巡捕房	3
		旧英国领事馆	3
		侵华日军水上司令部旧址	3
		包玉刚故居	3
		吴杰故居	3
	会馆	庆安会馆	4
		安澜会馆	3
	宗教与祭祀活动场所	观宗讲寺	3
	塔形建筑物	天封塔	3
		鳌柱塔	3
	碑碣（林）	招宝山明清碑群	3
	摩崖字画	胜归山摩崖石刻群	3

资料来源：根据《浙江省运河旅游规划》整理

七、安徽省

隋唐大运河在安徽省境内的河段为通济渠，沟通黄河和淮河，流经淮北和宿州两市。其中，通济渠淮北段主要在濉溪县境内，全长 41.5 公里，均为废弃河道，部分河床为地下遗址。泗县境内则留有隋唐运河故道，这也是隋唐大运河现存唯一一段"活运河"。

虽然隋唐大运河安徽段在淮北大地上已有 720 多年的历史，但受到宋金对峙、政治中心转移和黄河改道等因素的影响，原有大运河逐段湮塞，最终于元朝泰定年间完全断航，因此，安徽省境内的运河文化遗产多以地下遗址的方式留存，小部分地上遗址集中在水利水运工程设施和运河故道之上，包括大运河河道遗址、泗州运河故道、运河桥梁遗址、运河码头遗址等。除此之外，实物遗存（精美瓷器、沉船、宋花石纲、残碑等）等物质文化遗产；百善镇百善老街、柳孜古镇、蕲泽古镇遗址等运河村落遗产；淮北花鼓戏、灵璧钟馗画、萧县剪纸等非物质文化遗产以及运河生态与景观环境、与运河相关联的园林等文化景观遗产也是大运河沿线楚汉文化与淮河文化的代表（表 2-8 和表 2-9）。

表 2-8 隋唐大运河安徽段物质文化遗产构成表

序号	遗产类型		遗存名称	遗存内容	现有保护级别
1	大运河遗产—水利水运工程遗产	水利水运（水工）工程遗址	运河河道遗址段	自淮北市柳孜村至淮北市百善镇大运河河道遗址段，10.46公里	市级文物保护单位
2			运河河道遗址段Ⅱ	宿州市市区护城河西端至宿州市东侧京沪铁路，自新汴河东侧至灵璧县城东侧大运河河道遗址。长5.62公里	市级文物保护单位
3			运河河道遗址段Ⅲ	安徽省境内运河遗址除段Ⅰ、Ⅱ外其他河道遗址，长118.92公里。遗址局部可见清晰河道遗址剖面	市级文物保护单位
4			柳孜码头遗址	1999年发掘整体呈长方形锥状建筑。东西长14.3米，南北宽9米，北壁临水陡直，存高5.5米	市级文物保护单位
5			宋代码头遗址	宿县环城河老城区内，发掘出南北两侧对称的石构宋代码头一座	市级文物保护单位
6			埇桥遗址	位于宿州市市中心大隅口，工程建设发现石构桥墩，石村巨大，加工精细，有榫卯结构。限于当时的保护条件，就地于地下保护	市级文物保护单位
7		在用水利水运（水工）工程	泗县运河故道	与其他水系形成运河与唐河交汇处、运河与泗县护城河交汇处等多处运口景观	市级文物保护单位

序号	遗产类型	遗存名称	遗存内容	现有保护级别
8	大运河遗产—运河城镇、村落	百善镇百善老街	该街道建于隋唐运河淤塞隆起的"隋堤"之上,地势明显高于周边环境,总长度约1000米,形成"天桥"运河村镇景观。街道两侧多为民宅,有一处念佛堂为民国时期建筑	市级文物保护单位
9		柳孜村(镇)	现为柳孜自然村,多为农村宅基地,该镇建于汴河河堤上	市级文物保护单位
10	大运河遗产—其他相关历史遗存	花石纲遗址	中华人民共和国成立初建设中曾于该地南堤发现很多大石,2002年,安徽省考古所组织大运河安徽段考古调查,发现巨石埋于公路边	市级文物保护单位
11		张氏园亭遗址	位于灵璧县城区西门大街,西门电影院和西关小学之间,曾发掘出一块巨大石景	市级文物保护单位

资料来源:《大运河遗产(安徽段)保护规划(2011—2030)》

表2-9 隋唐大运河安徽段非物质文化遗产构成表

序号	非物质文化遗产名称	城市	遗产类型	现有保护级别
1	坠子戏(化妆坠子)	宿州萧县	戏曲	国家非物质文化遗产
2	唢呐艺术(砀山唢呐)	宿州砀山	传统音乐	国家非物质文化遗产
3	淮北柳子戏	宿州市	传统戏剧	国家非物质文化遗产
4	渔鼓道情	宿州萧县	曲艺	国家非物质文化遗产
5	淮北花鼓戏	宿州、淮北	传统戏剧	国家非物质文化遗产
6	泗州戏(宿州市)	宿州	传统戏剧	国家非物质文化遗产
7	唢呐艺术(灵璧菠林喇叭)	宿州灵璧	传统音乐	国家非物质文化遗产
8	马戏(埇桥马戏)	宿州埇桥	传统体育、游艺与杂技	国家非物质文化遗产
9	四平调	宿州砀山	传统戏剧	国家非物质文化遗产
10	鞭打芦花	宿州萧县	民间文学	安徽省非物质文化遗产

序号	非物质文化遗产名称	城市	遗产类型	现有保护级别
11	埇桥唢呐制作技艺	宿州	手工技艺	安徽省非物质文化遗产
12	萧县农民画	宿州萧县	传统美术	安徽省非物质文化遗产
13	灵璧钟馗画	宿州灵璧	传统美术	安徽省非物质文化遗产
14	宿州乐石砚制作技艺	宿州埇桥	传统技艺	安徽省非物质文化遗产
15	灵璧皮影戏	宿州灵璧	传统戏剧	安徽省非物质文化遗产
16	灵璧琴书	宿州灵璧	曲艺	安徽省非物质文化遗产
17	萧县石刻	宿州萧县	传统美术	安徽省非物质文化遗产
18	萧县剪纸	宿州萧县	传统美术	安徽省非物质文化遗产
19	符高集烧鸡制作技艺	宿州符高	传统技艺	安徽省非物质文化遗产
20	皇藏峪的传说	宿州萧县	民间文学	安徽省非物质文化遗产
21	垓下民间传说	宿州灵璧	民间文学	安徽省非物质文化遗产
22	砀山年画	宿州砀山	传统美术	安徽省非物质文化遗产
23	灵璧磬石刻	宿州灵璧	传统美术	安徽省非物质文化遗产
24	口子窖酒酿造技艺	淮北濉溪	传统技艺	安徽省非物质文化遗产
25	泗县药物布鞋制作技艺	宿州泗县	传统技艺	安徽省非物质文化遗产
26	淮北泥塑	淮北	传统美术	安徽省非物质文化遗产
27	殷派面塑	淮北	传统美术	安徽省非物质文化遗产
28	砀山毛笔制作工艺	宿州砀山	传统技艺	安徽省非物质文化遗产

资料来源：《"后申遗时代"隋唐大运河安徽段文化遗产保护与利用》

八、河南省

河南省境内的大运河世界文化遗产主要包括隋唐大运河的通济渠和永济渠。在中国大运河的 58 个世界文化遗产点中，河南占据 7 个，分别是洛阳市的回洛仓遗址和含嘉仓遗址、通济渠（汴河）郑州段、通济渠（汴河）商丘南关段、通济渠（汴河）商丘夏邑段、永济渠（卫河）滑县—鹤壁浚县段、浚县黎阳仓遗。大运河河南段沿线拥有世界文化遗产 5 项、全国重点文物保护单位 262 处，省级重点文物保护单位 659 处；人类非物质文化遗产代表性项目 1 个、国家级非物质文化遗产代表性项目 66 个；同时，河南省大运河沿线还坐落着郑州、开封、洛阳、安阳四大古都和 7 座国家历史文化名城、3 个国家历史文化名镇，8 个省级历史文化名城和 20 个历史文化名镇，为后人留下了无数的古闸、古塔、古桥、古镇以及丰富的故事、传说、艺术与民俗遗产。

隋唐大运河河南段具有厚重的历史文化底蕴，遗产类型丰富且价值较高。隋唐运河遗产涵盖道堤码头、桥仓窖碑、水工设施、祭祀建筑、沉船遗迹等类型齐全的遗产，孕育了浚县古城、道口古镇和黎阳仓、回洛仓、含嘉仓等民生建址，保留下大伾山石佛、金龙四大王庙基址等宗教遗存，衍生出洛阳宫灯、大平调、汴绣、民间社火、赵恩民泥塑、正月古庙会、汝瓷烧制技艺等非物质文化遗产，彰显出大运河河南段历史文化资源的独特地位和突出价值。

表 2-10　中国大运河河南段遗产要素构成表

遗产河段	遗产要素大类	遗产要素小类	遗产项	遗产点
洛河段	运河水工遗存	河道遗存	洛河（含漕渠及新潭、瀍河）	洛河—伊洛河洛阳至巩义段
				漕渠及新潭遗址
				瀍河
		水工设施遗存	洛阳南关码头遗址	
	运河附属遗存	仓库遗存	含嘉仓遗址	
			回洛仓遗址	
			洛口仓遗址	汉将军城
		桥梁遗存	天津桥遗址	
	运河相关遗产	运河城镇遗存	隋唐洛阳城遗址	定鼎门遗址
				应天门遗址
				明堂及圆形建筑遗址
		相关手工业遗存	巩义窑址	黄冶三彩窑址
				白河瓷窑址
		运河相关古建筑	康百万庄园	

遗产河段	遗产要素大类	遗产要素小类	遗产项	遗产点
汴河河南段	运河水工遗存	河道遗存	汴河故道	汴河故道惠济桥段
				汴河故道索须河段
				汴河故道开封至商丘段
			贾鲁河	
		水工设施遗存	商丘南关汴河码头遗址	
	运河附属遗存	桥梁遗存	惠济桥	
			州桥遗址	
	运河相关遗产	运河城镇遗存	荥阳故城	荥阳故城城址
				古荥冶铁遗址
				纪信墓及碑刻
				荥泽县城隍庙
			开封古城	北宋东京城遗址
				繁塔
				延庆观
				祐国寺塔
				大相国寺
				开封城墙
			朱仙古镇	
			商丘古城	归德府城墙
卫河河南段	运河水工遗存	河道遗存	卫河	卫河新乡至濮阳段
				卫河故道卫辉古城段
			小丹河	小丹河焦作至新乡段
				小丹河故道修武段
			百泉河	
		湖泊/水库/泉等	百泉湖	

续表

遗产河段	遗产要素大类	遗产要素小类	遗产项	遗产点
卫河河南段	运河水工遗存	水工设施遗存	九道堰小丹河渠首遗址	
			永济渠渠首遗址	
			人民胜利渠渠首	
			枋城堰遗址	
			道口镇码头	
	运河附属遗存	桥梁遗存	合河石桥	
			云溪桥	
		仓库遗存	黎阳仓遗址	
			浚县北街土圆粮仓	
	运河相关遗产	运河祭祀建筑	卫源庙	
			金龙四大王庙	
			滑县大王庙	
		运河城镇遗存	卫辉古城	望京楼
				望京楼历史街区
				贡院街—王府戏楼街历史街区
				盐店街历史街区
			道口古镇	道口城墙
				道口历史街区
			浚县古城	浚县城墙
				浚县文治阁
				浚县文庙
				浚县古县衙遗址
		运河文化景观	大伾山浮丘山文化景观	大伾山
				浮丘山

续表

遗产河段	遗产要素大类	遗产要素小类	遗产项	遗产点
会通河河南段	运河水工遗存	河道遗存	会通河濮阳段	
		水工设施遗存	通源闸遗址	
	运河相关遗产	运河记事碑刻	八里庙治黄碑	八里庙治黄碑（含镇河铁兽）

资料来源：《河南省大运河文化遗产保护传承规划》

第三节 大运河国家文化公园的保护与利用现状

自 2014 年中国大运河申遗成功以来，国家高度重视大运河及其沿线资源的保护和活态开发，提出了大运河文化带、大运河国家文化公园等符合中国特色大型线性遗产的保护形式，是对线性文化遗产保护创新的有益探索。本节聚焦大运河国家文化公园资源遗产的保护与利用，通过现状梳理，以期为各省市大运河国家文化公园的建设提供参考。

一、京杭大运河

1. 京杭大运河的河道保存与利用现状

历史上的京杭大运河是我国南北商贸往来的主体通道，具有货物流通、信息交换和文化交流的功能。但在以航空、公路和轨道交通运输为主的当代，大运河的航运能力不断衰退，河道与水利设施面临衰败，自然生态功能和货运功能正在逐步减弱。现存京杭大运河的前身为元代修建的大运河，通过截弯取直的方式连通天津与江苏，大幅度缩减了通航距离。京杭大运河济宁以南段经过现代改造，仍服务于时下的航运需求；济宁以北段大部分河段已不能通航，除部分作为景观河道供旅游外，其他河段多作为泄洪、排涝、供水所用。山东省部分地段为灌溉渠道，河北省地段大部分断流，河道萎缩严重；江苏省和浙江省内河段尚具一定的通航货运能力，但也面临着运力潜能不足和结构性矛盾等问题。虽然大运河部分河段原真性和生态保持较好，如聊城市的七级段、淮安市的码头段，但大部分运河河道特别是济宁以南段的通航河道原真性保持较差，经过拓宽和渠化改造，城镇中幸存的古驳岸较少，现代城市公园化改造居多。从生态健康上来看，大运河沿线环境堪忧，部分地区为发展当地经济，在河道沿岸设立工厂，对周边环境造成了不可逆的损害；沿河居民生活垃圾的处理滞后，也对运河景观及其环境造成了一定程度的影响，如沧州、德州段大运河由于运河水污染严重，有的成了排污干渠，有的则彻底干涸。

2002 年，"南水北调"三线工程的开展为大运河赋予了新的历史意义。作为中国南水北调东线工程的重要环节和通道，大运河成为长江下游水源北上山东、河北等地的重要途径。随着大运河国家文化公园建设的全面展开，针对京杭大运河河道的保护与利用重新提上议程，大运河在现代产业和科技的赋能下，重新焕发出了光彩。为改善运河水质，大运河沿线省市主动开展河道疏浚与治理工作，通过建立运河水质监测预警系统，对运河的生态环境进行修复。京杭大运河（杭州段）采用无人机巡查，实现空地结合、人机结合，对河道水质进行全覆盖监测，打造大运河文化带绿色生态廊道；山东聊城对大运河水体进行实时监测，构建省、市、县三级环保联网监控，高效发挥"河长制"和群众监督的作用；大运河（江苏段）积极实施退渔还湖，走"低碳、无污染"的大运河"旅游 +"道路，实现水环境治理和生态富民双赢的目标。

除此之外，再现大运河全线通航的盛况是活化保护的另一个目标。2019 年，京杭大运河（通州城市段）举行旅游通航仪式，北关闸至甘棠闸段 11.4 公里正式通航。2021 年，京杭大运河北京段的通州区北运河段实现全线 40 公里游船通航，河北省廊坊段也正处于紧锣密鼓的分段试通航阶段，未来有望实现京津冀大运河通航的互联互通。2021 年 7 月，《大运河文化保护传承利用"十四五"大运河实施方案》指出：到 2023 年，大运河有条件的河段要实现旅游通航，大运河国家文化公园建设保护任务基本完成；到 2025 年，力争京杭大运河主要河段基本实现正常来水年份有水。这一目标的提出构画了未来 5 年大运河国家文化公园的发展蓝图，使得对京杭大运河河道的保存与利用迈上了一个新的台阶。

2. 京杭大运河沿线的文化遗产保存与利用现状

京杭大运河沿线是我国优秀传统文化高度富集的区域，涵盖类型多样、层级丰富、特色突出的各类物质文化遗产 1200 多项，国家级非物质文化遗产 400 余项。在这些遗产资源中，水利航运及管理设施最多，包括闸、桥、坝、减河、引河、税关、漕运官署等；旅行宿营设施保存较少，仅存少量的驿站和客栈；商业仓储设施较多，主要有会馆、商铺、仓库等；文化交流空间，存量较少，主要有圣人故里、名胜，如书院、公共园林；宗教信仰空间较多，尤以清真寺为多。与真实遗存的保护投入相比，运河沿线有数量可观的重建、复建或者仿古的商业性项目，较好地展现出地域文化的优势与特征。总的来说，大运河文化遗产存续格局相对完整，文化属性与价值功能比较完备，遗产要素一脉相承；但不可忽视的是，仍有局部文化遗产的保护状况并不理想。由于河道的荒废和管理体制的不健全，一众水工设施遗产濒临垮塌，部分历史价值产业化不顺利的遗产被忽视遗弃，河道周边的文化景观环境有恶化趋势，一些反映民风民俗和社会文化变迁的民居建筑尚未引起管理者的足够重视，非物质遗产之间的联系与内涵尚待挖掘，京杭大运河沿线文化遗产的保护工作任重道远。

京杭大运河沿线文化遗产的利用形式以展示和旅游开发两种方式为主。遗产展示形式主要包括遗址展示、博物馆展示、多媒体展示以及近年来新兴的虚拟现实数字化展示，如山东聊城的运河文化博物馆、杭州的中国京杭大运河博物馆以及扬州中国大运河博物馆都采用了综合化的手段，对大运河文化遗产进行生动的可视化展示。旅游开发是基于对大运河物质文化遗产和非物质文化遗产的再解说，实现串点成面的区域整体性价值的遗产再利用手段。各省市在挖掘大运河遗产旅游资源的过程中，形成了各具特色的旅游品牌。绍兴以古代诗歌为载体，围绕浙东运河打造"浙东唐诗之路"；无锡举办 2021 中国大运河非遗旅游大会，借大运河的活水，组建适宜非遗文化传承和发展的平台；天津重点打造杨柳青大运河国家文化公园项目，构建集生态—文化—游憩于一体的综合旅游目的地。

3. 京杭大运河沿线的历史城镇现状

总体而言，运河历史上具有高度价值的村镇目前留存不多，城市中成片的历史街区消失很快，但尚未引起足够重视。保存完整的历史城镇和运河历史街区较少，部分重要的运河历史街区被彻底改造，如聊城东关、济宁竹竿巷等。大运河沿线的历史城镇传统风貌的保存状况可分为以下几类：

A 类城镇。拥有一块以上的运河历史街区，历史空间格局和传统风貌保存基本完整。这样的城镇除了北京、扬州、苏州、镇江等少数几个国家级历史文化名城外，主要还是江南运河、里运河、中运河沿线的历史古镇，如塘栖、崇福、震泽、高邮、河下、窑湾等。这些运河古镇及运河边的历史街区大多保存较好。

B 类城镇。城镇运河街区的历史空间格局整体保存较好，有少量的历史文化遗产留存。该类城镇数量相对较少，受独立且相对封闭的区位条件影响，运河及历史街区的空间格局没有遭到大规模破坏。在自发建设的过程中，民居建筑大多已经更新，但一些重要的公共建筑得以保留，如微山湖南阳古镇、临清中州历史街区等。

C 类城镇。城镇运河街区的历史空间格局保存一般，但拥有一条运河老街或一块典型的运河功能区域，老街或区域的历史风貌保存尚好。这一类历史城镇占江南运河、里运河段历史城镇的多数，如嘉兴、杭州、淮安清江浦区等。

D 类城镇。城镇运河街区的历史空间格局部分尚存，有少量的历史文化遗产留存。这一类历史城镇在鲁运河和南运河沿岸最多，也是大多数运河城镇的真实写照。如扬州的瓜洲、聊城的阿城。

E 类城镇。城镇历史空间格局和历史文化遗产基本无存。这一类历史城镇多集中在中运河、南运河南段和北运河，主要是由于运河水利治理，原有的城镇进行了搬迁或重建，因此历史风貌无存。典型的城镇有德州的渡口驿、甲马营等。

二、浙东大运河

浙东大运河又称山阴古水道，是史籍中明确记载的开凿于先秦时期的三条古运河之一，距今已有 2500 年历史。难能可贵的是，浙东大运河如今依然能够通航，航运辐辏、经济与社会效益显著，这在全国运河水系中并不多见。

目前，浙东运河道保存相对完好，诸多流域至今仍在发挥水运功能。但是水道侵占问题亟待解决，各个时期废弃的水利水运工程依旧较多，沿线相关文物和遗产缺乏有效管理。同时，浙东大运河在保护中也存在领导层重视程度不够、管理体制联动性差、基础设施与配套项目不完善等问题。为解决以上问题，浙东大运河所流经的杭州、绍兴和宁波三市进行了积极的实践探索。

1.杭州市对浙东大运河的保护与利用

2019 年，浙江省重点打造四条以"诗"为核心引领物的文化带，其中一条便是"大运河诗路"。大运河诗路本身属于文化线路的一种，是以诗歌为纽带，依托大运河世界文化遗产，展现"流觞运河，诗画浙江"文化形象的整合性和文化性线路。大运河诗路与钱塘江诗路在杭州相汇，将促成杭州大运河世界文化遗产公园、塘栖镇、浙东运河和西湖艺创小镇等一批"诗路珍珠"的建设。大运河诗路秉承了文旅融合、城乡融合的理念，既实现了对浙东大运河（杭州段）的活态性保护，又充分挖掘出其精神文化内涵，打通中华优秀文化与物质文化遗产之间的虚实壁垒，形成运河文化保护与利用的浙江样板。

2.绍兴市对浙东大运河的保护与利用

2002 年，绍兴修建"运河园"，以期对浙东古运河进行水环境的全面整治，修建完成的运河园位于浙东运河的关键位置，又与浙东唐诗之路相交汇，成为了大运河遗产保护中的范例性工程。随后，绍兴市完成了以皋埠段古纤道维修为核心的运河保护修缮工程、八字桥历史街区环境整治、建立浙东运河古纤道遗产展示馆等工作，从维护、整治和展示等多方面对浙东大运河进行时代化的焕活。2019 年《绍兴市大运河世界文化遗产保护条例》出台，对浙东运河河道及其遗产点的保护与开发利用进行了规范，为绍兴境内大运河国家文化公园的建设奠定了制度基础。

3.宁波市对浙东大运河的保护与利用

2015 年，宁波市成立大运河（宁波段）遗产保护管理委员会，主要负责浙东运河段沿线遗产的保护、传承与利用，使得浙东运河遗产管理步入了制度化的轨道。作为区域生态环境的重要一环，浙东运河在"五水共治"全面开展后，水道水质有了明显的改善，综合性水利功能重新得到了发挥，文化生态廊道构建初显成效。近年来，宁波开展了"浙东大运河宁波段文化遗产数字化工程"，针对浙东运河文化遗产资源进行全面摸底排查，创建科学权威、动态更新的资源数据库；与此同时，宁波同步实施"浙东大运河宁波段 IP 工程"，以文旅融合为切入点，实现运河文化与旅游休闲、动漫影视、文艺作品、时尚产业等载体的有机结合；在顺应全球数字网络智能化发展的前景下，强化各管理要素和机构之间的协调性，构建"运河文化＋"平台和"运河＋海丝"国际化品牌。如今的浙东运河两岸，纤道延绵，河海相连；经济发展，工商并茂；新容旧貌，相得益彰。

三、隋唐大运河

隋唐大运河是指隋朝开凿、唐朝享用的，以洛阳为中心，由通济渠、邗沟、永济渠和江南运河这四段共同构成的南北运河。元代对原有的隋唐大运河河道进行了改建，遂形成了当今截弯取直的新格局。目前隋唐运河主体中大部分以遗址方式呈现，济宁以北或断流或不通航；济宁以南虽然通航，但河道原真性保存较差。从洛阳至淮安段的隋唐通济渠，大部分位于河南、安徽两省，为地下遗址；从洛阳至北京的隋唐永济渠，小部分为遗址，大部分为自然河道且已无通航能力。隋唐大运河河道的保存现状呈现出较为严重的两极分化现象。通济渠段河道已败落残破，甚至无遗址可寻；黄河以北的永济渠的上中段虽然位于地表之上，但也遭到了废弃，更不用说该河段内埋藏于地下的部分了；与此同时，位于地表之上的古邗沟和江南运河至今都还能呈现水量充足、运输繁忙的景象，较好地继承了大运河的水运功能。

隋唐大运河的这一现状为遗产保护和利用带来了一定的难度，但也为大运河遗产的活态创新开发提供了契机。河南省重点谋划域内"两轴三极七片区"的空间布局，推动通济渠和永济渠沿线遗产资源要素优势互补和集聚联动。滑县为利用好河南省运河沿线保存最好的道口古镇，采用多规合一的整体蓝图勾画，注重非物质文化遗产的传承与振兴，按部就班地推进多方主体参与运河文化遗产的开发，盘活遗产资源的文化内涵。安徽省则围绕柳孜运河遗址大运河国家文化公园建设，同步开展临涣城墙保护、临涣淮海战役总前委旧址安防等项目的推进建设，把握好重点遗产以点带面的辐射效益；以隋唐大运河博物馆（淮北市博物馆）为展示平台，实现对隋唐大运河安徽段的科普，打造"运河文化＋研学"的旅游发展模式，努力在文旅产业高质量发展的新时代形成"南黄山、北运河"的安徽旅游新格局。

第三章　大运河国家文化公园的遗产保护制度

第一节　理论基础

文化是一个国家、一个民族的灵魂，其凝聚力源于对传统的保护，其生命力在于世代传承与不断发展，每一个时代都需要文化建设的精品力作。建设国家文化公园需要实践的部署落实，也需要理论的高屋建瓴。文化线路、遗产廊道和线性文化遗产理论从文化与空间的角度出发，各有侧重地为国家文化公园的遗产保护提供了理论方向，共同推动了国家文化公园遗产保护理论体系的完善。

一、文化线路

过去，人们所熟知的"世界文化遗产"有多种类型，但归根到底都是点状的。例如我国的颐和园、故宫等。后来，又将点延伸和扩展到了由多点组成的面，由自然风光和人文风光组成了面，即文化景观。随着人们认识的不断深化和时代的不断发展，人们对人类"文化遗产"保护的认识和观念也随之深入，人类"文化遗产"的内涵和外延也在不断地拓展，"文化线路"这一"文化遗产"的新类型和新概念便应运而生。

1994 年于西班牙马德里召开的"文化线路遗产"专家会议上，与会者一致认为：应将"线路作为我们的文化遗产的一部分"，从而第一次提出了"文化线路"这一新概念；2008 年，国际古迹遗址理事会第十六次大会通过了《文化线路宪章》，"文化线路"作为一种新的大型遗产类型被正式纳入了《世界遗产名录》的范畴。这为"文化线路"在"世界文化遗产"中奠定和确立了地位。

在该理论的初生阶段（1987—1998 年），文化线路以政治和文化诉求为主要目标，服务于欧洲的一体化进程。1987 年，欧洲委员会提议恢复一条具有高度象征意义的文化朝圣线路——圣地亚哥·德·孔波斯特拉之路（Routes of Santiago de Compostela），并希望通过这条承载着集体记忆、跨越边界和语言障碍的文化线路为欧洲不同国家、不同民族寻求文化认同，以此推动政治经济一体化发展[①]。在发展阶段（1998—2010 年），文化线路的概念内涵、功能标准得到不断丰富。除强调欧洲共同价值观和区域共识以外，还认为文化线路应当是文化旅游和文化可持续发展的引领者，线路主题要有利于旅行社开发旅游产品，此时文化线路带有明显的经济功能[②]。在成熟阶段（2010—2021 年），文化线路被视为具有文化和教育特征的遗产与旅游联合框架[③]，为欧洲以外的国家（如地中海周围国家）开启了合作的可能性[④]。

二、遗产廊道

遗产廊道（Heritage Corridor）是一种线性的遗产文化景观，它把文化作用提到首位，对于遗产的保护主要采用区域而非局部的观点，同时又是自然、经济、历史文化等多目标的保护体系。这一概念源于美国的绿色通道和遗产保护区域的结合，它可以是自身以线路形态呈现的遗产，例如大运河；也可以是对单点遗产进行串联后所形成的线性区域。遗产廊道表现为"拥有特殊文化资源集合的线性景观，通常带有明显的经济中心、蓬勃发展的旅游、老建筑的适

① Council of Europe. The Santiago de Compostela Declaration［EB/OL］.［2020-12-19］https://rm.coe.int/16806f57d6 1987-10-23.
② 李飞，邹统钎.论国家文化公园：逻辑、源流、意蕴［J］.旅游学刊，2021，36（1）：14-26.
③ Committee of Ministers of the Council of Europe. Enlarged Partial Agreement on Cultural Routes 2010.［EB/OL］.［2020-11-26］https：//www.coe.int/en/web/culture-and-heritage/cultural-routes.
④ Committee of Ministers of the Council of Europe. Enlarged Partial Agreement on Cultural Routes 2010.［EB/OL］.［2020-11-26］https：//www.coe.int/en/web/culture-and-heritage/cultural-routes.

应性再利用、娱乐及环境改善"①。

相对于狭义的国家公园而言，遗产廊道强调对廊道历史文化价值的整体认识，利用遗产实现经济复兴，并解决景观雷同、社区认同感消失和经济衰退等问题②。可见遗产廊道更注重通过对廊道沿线及其辐射区域内的遗产实行保护性文化开发，从而实现带动地区经济发展、增强社区认同和环境保护的目标。遗产廊道理论对于大运河文化遗产的保护具有积极的借鉴意义，为庞大体量和多维度文化遗产的开发提供了思路。

三、线性文化遗产

线性文化遗产（Lineal or Serial Cultural Heritages）主要是指在拥有特殊文化资源集合的线形或带状区域内的物质和非物质的文化遗产族群，往往出于人类的特定目的而形成一条重要的纽带，将一些原本不关联的城镇或村庄串联起来，构成链状的文化遗存状态，真实再现了历史上人类活动的移动，物质和非物质文化的交流互动，并赋予作为重要文化遗产载体的人文意义和文化内涵③，运河、道路以及铁路线等都是其重要表现形式。1998 年，国际古迹遗址理事会（ICOMOS）成立了文化线路科学委员会，标志着以"交流和对话"为特征的跨地区或跨国家的文化线路作为新型遗产理念为国际文化遗产保护界所认同。2003 年 3 月，世界遗产委员会委托国际古迹遗址理事会（ICOMOS）修订《实施保护世界文化与自然遗产公约操作指南》，加入了有关文化线路的内容。2005 年 10 月，ICOMOS 第 15 届大会暨科学研讨会在中国西安召开，将文化线路列为四大专题之一，形成了国际文化遗产保护领域的共识性文件《西安宣言》；并通过了有关《文化线路宪章（草案）》的决议。2008 年 10 月，国际古迹遗址理事会第十六届大会在加拿大通过了《关于文化线路的国际古迹遗址理事会宪章》，即《文化线路宪章》，标志着文化线路正式成为世界遗产保护的新领域。作为一种新兴的遗产保护理念，线性文化遗产着眼于线性区域，所涉遗产元素多样，兼具物质文化和非物质文化，

---

① FLINK C A，SEARNS R M. Greenways［M］.Washington：Island Press，1993：167.
② EUGSTER J. Evolution of the heritage areas movement［J］.The George Wright Forum，2003，20（2）：50-59.
③ 单霁翔 . 大型线性文化遗产保护初论：突破与压力［J］.南方文物，2006（3）：2-5.

旅游价值较高。利用线性文化遗产开展旅游活动是实现遗产"保护、保存和展示目标"的重要手段。

线性遗产是线状遗产最常见的存在形式，大部分线性遗产都是线状遗产和点状遗产的结合体[①]。孙华提出，线性遗产在初创时并非孤立的状态，而是在其沿线有一系列相关的点状构筑物和建筑群。由于这些线状遗产往往呈现一条（或多条）线状遗迹串联多个点状遗迹的状况，由此形成一个由线状遗产为主干、点状遗产为依附、呈线状排列的具有线路性质的系列遗产——"线性遗产"。据此特点，孙华将线性遗产做出了以下分类：①单纯的线状遗迹，如一条古道、一条运河等；②被线状遗迹串联并包括线状遗迹的一连串点状遗迹，如一条古道及其沿线的城镇、乡村、客栈、寺庙等；③被自然的河流串联或受自然的边界限制而呈线状排列的点状遗产集合体，如大江大河沿线的历史城镇，沿山麓山谷、湖岸海岸等分布的城镇和村落等；④被无固定形态的线路和航线串联城镇、村落、寺庙等遗产，如沙漠线路及绿洲、海上航路及港口城镇等[②]。

中国现存大型线性文化遗产都具有鲜明的特点。首先，相较于单体文化遗产，线性文化遗产涵盖范围更大，遗产种类更为多样，所反映的人类活动也更为丰富，表现出时空的交流和融合。其次，线性文化遗产所承载的城镇和乡村中物质与非物质文化遗产的承连与变化，相互影响与交流，构成文化带上文化遗存的共性与特性、多样性和典型性，衍生出丰富多彩的面貌和内在的密切关联。最后，线性文化遗产不仅突出其饱满的文化属性，而且涉及庞大的经济价值和独特的自然生态系统[③]。因此，在保护和利用大型线性文化遗产时，应将其作为一个整体看待，以保护有机遗产族群的视角对其加以保护利用。

中国现已建成由 19 个线性文化遗产，约 250 公里线性要素所构成的国家线性文化遗产网络[④]，以期在国土尺度上建立一个集生态与文化保护、休闲游憩、审美启智与教育等多功能为一体的线性文化遗产网络，在中华大地上形成一个彰显民族身份、延续历史文脉、保障人地关系和谐的文化"安全格局"。

---

①② 孙华.论线性遗产的不同类型［J］.遗产与保护研究，2016，1（01）：48-54.

③ 单霁翔.大型线性文化遗产保护初论：突破与压力［J］.南方文物，2006（3）：2-5.

④ 俞孔坚，奚雪松，李迪华，等.中国国家线性文化遗产网络构建［J］.人文地理，2009，24（03）：11-16+116.

准确地评价线性文化遗产的旅游发展潜力，对于有效保护和合理开发利用文化遗产资源具有重要意义。构建线性文化遗产旅游发展潜力评价体系应充分考虑供给、需求和发展环境等多种因素的诸多方面。

第二节　法律法规

一、一般性法律法规

作为沟通地区及水域间水运的人工通道，运河承担着航运、灌溉、分洪、排涝、供水等综合性功能，对我国的经济发展、交通运输与生态维系起到了不可替代的作用。为了保护和改善环境，防治水污染，保护水生态，保障饮用水安全，维护公众健康，1984 年我国出台《中华人民共和国水污染防治法》并多次修订，推进生态文明建设，促进经济社会可持续发展。1988 年，我国又先后出台《中华人民共和国水法》和《中华人民共和国河道管理条例》，针对防洪治水，规范了水资源的可持续利用。1997 年，出台专门的《中华人民共和国防洪法》，为大运河的保护与管理再添保障。直至 2017 年，根据大运河保护与开发的实际需要，各项法律法规均经过多次修正，为大运河的可持续发展保驾护航。

作为见证历史兴亡变迁的文化遗产，大运河还受到文物与遗产相关法律的保护。早在 1982 年，我国就出台了《中华人民共和国文物保护法》，该专门性法律加强了对文物遗产的科学保护与继承，为相关科研工作与教育奠定了法律基础。此后，该法历经多次修订，在秉承文物保护基本原则的前提下与时俱进，不断更新保护理念与保护方法。2012 年 7 月 27 日，聚焦于大运河的《大运河遗产保护管理办法》在文化部部务会议审议通过，并于 2012 年 10 月 1 日起施行。该法根据《中华人民共和国文物保护法》制定，为加强对大运河遗产保护，规范大运河遗产的利用行为，促进大运河沿线经济社会全面协调可持续发展提供了法律蓝图。其作为大运河的国家级专项法规，对大运河遗产的保护起到了至关重要的作用。

二、地方性法律法规

大运河国家文化公园流域内各省市根据自身发展实际水平与河段特点，分别出台了相应的地方性法律法规（表3-1和表3-2），完善了大运河遗产保护体系，促进大运河保护开发从"各美其美"走向"美美与共"。

1. 北京市

2012年，北京市发布《北京市河湖保护管理条例》，在坚持统一规划、综合治理、科学管理、保护优先、合理利用的原则下，实现对行政区域内的河流、湖泊、水库、塘坝、人工水道工程设施及其水体进行保护和管理，其中就包括在北京历史上举足轻重的通惠河和发源于北京市昌平区及海淀区一带的北运河。

2021年1月27日，《北京历史文化名城保护条例》正式通过，其保护对象的主要范围之一即为大运河文化带。作为历史河湖水系和水文化遗产，大运河文化带的重点保护内容包括元、明、清时期的大运河以及大运河沿线的古村落、古道、山水格局以及其他保护对象。该条例的实施对于传承城市历史文脉，实现大运河文化的复兴和促进运河遗产保护与经济社会协调发展具有重要意义。

2. 河北省

2020年1月11日河北省第十三届人民代表大会高票表决通过《河北省河湖保护和治理条例》，并于2020年3月22日起实施。该条例围绕保护与治理两大主题，深入实施山水林田湖草一体化生态保护和修复，重点着眼于生态文明的建设。其中第四章第四十五条明确规定，大运河沿线各政府责任单位要通过对运河河道、水系、生态的修复与改善，实现大运河文化的保护、传承和利用，并通过构建生态廊道、创新文遗展示、提升文旅融合等手段，助推大运河沿线区域的高质量发展。

3. 江苏省

2020年1月1日起全国首部关于大运河文化带建设的地方性法规《江苏省人民代表大会常务委员会关于促进大运河文化带建设的决定》正式施行。在《决定》中，江苏省提出要把大运河文化带打造成"高品位、高水平的文化长廊、生态长廊、旅游长廊"。该法规从制度安排上解决了大运河文化带建设中面临的突出问题，对于依法促进江苏大运河文化带建设走在全国前列具有十分重要的意义。

同年 6 月，江苏第一部专门针对大运河文化遗产保护制定的地方性法规《淮安市大运河文化遗产保护条例》正式施行。今后任何单位和个人都有依法保护大运河文化遗产的义务，有违反《条例》规定行为的单位或个人将承担相应的法律责任。

4. 浙江省

作为国内第一部关于大运河世界文化遗产保护的省级地方性立法，《浙江省大运河世界文化遗产保护条例》已于 2021 年 1 月 1 日起正式施行。该条例借助多方力量，综合协调，为实现大运河遗产真实性、完整性和延续性的维护提供了保障。

浙江省下辖的多个地级市也积极出台相关的法律法规条例，实现对大运河世界文化遗产的规范化保护。2017 年，浙江省第十二届人民代表大会批准了《杭州市大运河世界文化遗产保护条例》，不仅促进了大运河文化遗产在杭州都市圈建设中发挥重要作用，还为中国大运河世界文化遗产突出价值的存续、深挖与利用搭建起规范的框架，推动杭州段大运河重现往日生机。2018 年，嘉兴正式行使地方立法权后的第四部地方性法规《嘉兴市大运河世界文化遗产保护条例》批准实施，该条例加强了嘉兴市大运河世界文化遗产的保护、利用和管理。2019 年，绍兴市根据本市运河遗产实际状况，制定了《绍兴市大运河世界文化遗产保护条例》。该条例明确划定了大运河世界文化遗产绍兴段的河道范围与遗产点，厘清大运河保护中各职能部门的权责，并提出了一系列保护举措，以期实现对绍兴市大运河的合理保护。

5. 山东省

山东省为规范大运河山东段遗产的利用行为，依据上位法律法规，结合省域内社会发展水平，于 2013 年制定了《山东省大运河遗产山东段保护管理办法》。该办法是我国第一部由省级人民政府颁布实施的大运河保护专项政府规章，也是山东省第一部关于大运河遗产保护的法律法规。该办法使山东省成为了大运河沿线八省市中第一个出台专门管理办法保护运河的省份。

三、地方性规章

1. 天津市

2002 年 12 月 1 日起实施的《天津市北运河综合治理工程管理办法》，该办法规定了治理工程的性质、要求与北运河的管理规范，为北运河综合效益的最大化发挥提供了可能性，有效改善了天津市北运河沿线的人居与生态环境，促进了天津市经济和社会的可持续发展。

2. 江苏省

无锡市、常州市、扬州市先后于 2013 年和 2017 年发布《无锡市大运河遗产保护办法》《常州市大运河遗产保护办法》和《大运河扬州段世界文化遗产保护办法》，各项办法均以《中华人民共和国文物保护法》为依据，结合各地实际，为加强大运河江苏段世界文化遗产保护提供了制度保障。

3. 浙江省

《宁波市大运河遗产保护办法》是宁波市为了加强对大运河遗产的保护，规范大运河遗产的利用，实现本市域内浙东运河"再组织"和"再活化"的办法，自 2013 年 9 月 1 日起施行。该办法坚持真实性、完整性、延续性原则，对大运河遗产保护实行统一规划、分段保护、属地管理。

4. 安徽省

根据《中华人民共和国文物保护法》、文化部《大运河遗产保护管理办法》《大运河遗产"安徽段"保护规划》《大运河遗产（安徽·淮北段）保护规划》等法律法规，《淮北市大运河遗产保护管理规定》于 2012 年淮北市市政府常务会议审议通过。该规定对淮北市大运河流域进行了分区管控，在制度体系、监测系统和遗教融合等方面均有一定程度的创新，有效规范了淮北市大运河遗产的利用行为，强化了对大运河遗产的保护和监督管理工作。

5. 山东省

为了防治京杭运河航运污染，保护水域环境，保证水质安全，2016 年 3 月 1 日起，《山东省京杭运河航运污染防治办法》正式实施。通过对山东省域内各级航运管理部门在长期实践中积累的有效防治航运污染的经验和做法的提炼，该规章规范了京杭运河航运污染防治的行为，为京杭运河的航运与生态建设做出了巨大贡献。

6.河南省

2020 年,《河南省大运河文化保护传承利用实施规划》出台,从定位、保护范围和空间布局等方面明确了建设大运河文化带的总体目标。以中原文化与运河文化贯通融合的高度出发,提出了河南省大运河保护的六大任务,并且致力于谋划自然、人文与产业三大模块的五类专项工程,努力将大运河打造为河南省在新时代中的"文化黄金名片"(表 3-1 和表 3-2)。

表 3-1　地方颁布大运河遗产相关法规统计表

序号	所属省市	名称
1	山东省	《山东省大运河遗产山东段保护管理办法》
2	浙江省	《浙江省大运河世界文化遗产保护条例》
3	浙江省-杭州市	《杭州市大运河世界文化遗产保护条例》
4	浙江省-宁波市	《宁波市大运河遗产保护办法》
5	浙江省-嘉兴市	《嘉兴市大运河世界文化遗产保护条例》
6	浙江省-绍兴市	《绍兴市大运河世界文化遗产保护条例》
7	江苏省	《江苏省人民代表大会常务委员会关于促进大运河文化带建设的决定》
8	江苏省-扬州市	《大运河扬州段世界文化遗产保护办法》
9	江苏省-无锡市	《无锡市大运河遗产保护办法》
10	江苏省-常州市	《常州市大运河遗产保护办法》
11	河南省-洛阳市	《洛阳市大运河遗产保护管理办法》
12	安徽省-淮北市	《淮北市大运河遗产保护管理规定》

来源:作者整理

表 3-2　涉及运河条款的立法一览表

类别	制定主体	名称
法律	全国人大常委会	《水污染防治法》
		《水法》
		《固体废物污染环境防治法》

续表

类别	制定主体	名称
行政法规	国务院	《太湖流域管理条例》
		《防汛条例》
		《内河交通安全管理条例》
		《航道管理条例》
		《水污染防治法实施细则》
	交通部	《内河运输船舶标准化管理规定》
		《内河渡口渡船安全管理规定》
		《海船船员适任考试和发证规则》
		《航道管理条例实施细则》
		《内河航标管理办法》
	水利部	《入河排污口监督管理办法》
地方性法规	山东省人大常委会	《山东省水路交通条例》
		《山东省台儿庄古城保护管理条例》
		《山东省实施〈中华人民共和国防洪法〉办法》
		《山东省取水许可管理办法》
		《山东省水污染防治条例》
	淮北市人大常委会	《淮北市城乡规划条例》
	浙江省人大常委会	《浙江省水上交通安全管理条例》
		《浙江省水污染防治条例》
		《浙江省水资源管理条例》
	杭州市人大常委会	《杭州市城市河道建设和管理条例》
		《杭州市生态文明建设促进条例》
		《杭州市苕溪水域水污染防治管理条例》
	江苏省人大常委会	《江苏省通榆河水污染防治条例》
		《江苏省长江水污染防治条例》
		《江苏省港口条例》
	无锡市人大常委会	《无锡市旅游业促进条例》
	苏州市人大常委会	《苏州市航道管理条例》
	徐州市人大常委会	《徐州市水上交通安全管理条例》

续表

类别	制定主体	名称
地方性法规	扬州市人大常委会	《扬州市古城保护条例》
		《湖北省水污染防治条例》
	北京市人大常委会	《北京市河湖保护管理条例》
	河北省人大常委会	《河北省水污染防治条例》
地方性规章	江苏省人民政府	《江苏省电信设施建设与保护办法》
		《江苏省苏南运河交通管理办法》
	无锡市人民政府	《无锡市清名桥古运河景区管理办法》
		《无锡市水利工程管理办法》
	苏州市人民政府	《苏州市旅游船艇交通安全管理办法》
	河北省人民政府	《河北省水功能区管理规定》
	山东省人民政府	《山东省京杭运河航运污染防治办法》
		《山东省实施〈中华人民共和国河道管理条例〉办法》

来源：夏锦文，钱宁峰．论大运河立法体系的构建［J］．江苏社会科学，2020（4）：89-98+243.

第三节 保护体系

始建于公元前486年的大运河曾是沟通我国北方政治中心与南方经济中心的通道，是连接海上丝绸之路与陆上丝绸之路的纽带①。在历经千百年的沧桑巨变后，大运河在2014年迎来了崭新的生机，成为中国第46个世界文化遗产项目。历史变迁留下岁月的痕迹，"九龙治水"的乱象也亟待解决，建立健全对大运河及其周边景观遗产的保护体系刻不容缓。作为当代复兴中华优秀传统文化的重要切入点，大运河国家文化公园的建立有利于完善大运河遗产保护利用长效机制，解决过去被忽视的种种问题，大力提升大运河沿线文化遗产保护利用水平。

---

① 贺云翱．建设大运河文化带江苏段样板［J］．群众，2017（19）：65-66.

一、协调性制度

1. 大运河文化保护传承利用工作省部际联席会议制度

2014年6月22日，中国大运河申遗成功。但与各界当初的热切期盼不同，运河申遗成功的热度并未持续发酵。在申遗过程中，各方力量主要聚焦于大运河文化遗产本身，而对于如何在城市化背景下开展如此大规模的遗产保护，以及如何处理好保护与利用、发展关系的研究重视不够。因此，作为世界文化遗产的大运河未能借此机遇融入国家和区域相关发展战略并获得快速发展。2017年，习近平总书记指出："要古为今用，深入挖掘以大运河为核心的历史文化资源，保护大运河是运河沿线所有地区的共同责任。"同年6月4日，习近平总书记就大运河文化带建设作出专门批示，明确提出"保护好、传承好、利用好"的三原则。"三好原则"将原有的"遗产框架"提升到了一个新的高度，并为发挥世界遗产普遍的突出价值指明了方向，成为《大运河文化保护传承利用规划纲要》（以下简称《规划纲要》）中建设中国大运河文化带的完整功能定位。

为全面贯彻落实《规划纲要》，加强大运河遗产保护跨地区、跨部门协作，经国务院同意，由国家发展改革委、中央宣传部、文化和旅游部等17个部门以及大运河文化带建设沿线8个省（市），共同组建大运河文化保护传承利用工作省部际联席会议（以下简称联席会议）制度，并于2019年6月14日起印发实施。

联席会议制度的主要职责是在党中央、国务院领导下，深入贯彻落实《规划纲要》，加强对大运河文化保护传承利用各项工作的统筹协调，尤其是要协调解决好跨地区、跨部门的复杂问题，着力将大运河打造成为宣传中国形象、展示中华文明、彰显文化自信的亮丽名片①。

2. 省部协商机制

大运河作为一个跨区域、多部门管理的线性活态遗产，采取了联合申遗的形式，同时建立了多层面的协调管理机构②。2007年，国家文物局在扬州成立

---

① 李海楠.省部际联席制度将促大运河保护利用有的放矢［N］.中国经济时报，2019-06-28（001）.
② 姜师立.协调推进机制为大运河保护与申遗助力［J］.世界遗产，2014（07）：112-113.

了大运河联合申遗办公室，扬州也顺理成章地成为了大运河申遗的牵头城市。2008 年，大运河保护与申遗城市联盟在扬州成立，初始成员包括 33 座运河沿线城市（后扩展为 35 座城市）。该城市联盟将 8 个省（直辖市）的 35 座城市运河遗产作为一个整体的线性文化遗产申报世遗，同期发布的《大运河保护与申遗城市联盟章程》旨在科学合理、高效全面地推进大运河遗产的申遗工作，向世界展示中国人民智慧的结晶，加快区域间协同发展的步伐，从而为人类社会的共同进步贡献中国力量。城市联盟下设大运河联合申遗办公室，承担该联盟的日常运转工作。各成员城市在联盟的指导下通力合作、共担责任，形成了推动大运河遗产保护与申遗的强大合力。自 2008 年起，国家文物局在扬州每年召开一次大运河保护与申遗工作会议，邀请学界、业界和政府部门管理人员等多方主体，集思广益，为大运河保护与申遗工作建言献策。

2009 年 4 月，国务院成立了由 13 个部委和 8 个省（直辖市）组成的省部际会商小组，作为大运河申遗的最高协调机构，并于同月在京召开了第一次会商小组会议，正式确立省部协商机制。该机制下，部际会商小组每年召开一次研究大运河保护与申遗工作的会议。会议不断完善大运河申遗中的遗产点清单，编制《中国大运河遗产保护与管理总体规划》，为迎检工作做好万全的准备。从层级上来看，文化部和国家文物局联合办公，共同领导大运河申遗的全过程。大运河沿线各省（直辖市）也成立了大运河保护与申遗市厅际会商小组，各市县成立申遗领导小组及其办公室、具体负责申遗事项与细则。

二、保护性规划

长期以来，大运河面临着遗产保护压力巨大、传承利用质量不高、资源环境形势严峻、生态空间挤占严重、合作机制亟待加强等突出问题和困难[①]。为此，国家先后出台一系列规划性政策，高屋建瓴地为大运河遗产保护描绘了蓝图。

2019 年 2 月，中共中央办公厅、国务院办公厅印发了《大运河文化保护传承利用规划纲要》（以下简称《规划纲要》）。《规划纲要》的出台，强化了对大运河保护的顶层设计，统筹规划了大运河形象的打造和展示工作，为大运

---

① 大运河文化保护传承利用规划纲要［N］.人民日报，2019-05-10（001）.

河沿线省市在城市建设中利用运河遗产的形式和手段提供了思路。2020年9月，国家发改委联合文物局、水利部、生态环境部、文化和旅游部分别编制了《文化遗产保护传承》《河道水系治理管护》《生态环境保护修复》《文化和旅游融合发展》四个专项规划，同时还指导沿线8省市编制了8个地方专项规划。这些国家级和省市级规划的出台表明，大运河文化保护传承利用的"四梁八柱"体系已经形成，也为全国的大运河国家文化公园的建设定下了基调。在大运河规划体系中，四个专项规划从文遗传承、水系治理、生态修复、文旅发展的维度对大运河文化遗产的保护、传承与利用给出了全局性和支撑性的指引。

　　文化遗产保护传承是大运河遗产保护的灵魂。作为中华民族较具代表性的文化标识之一，大运河承载着镌刻于历史长河中的民族精神、文化态度和思想智慧。2020年7月1日，为全面推动新时代大运河文化遗产保护传承创新性发展，国家文物局、文化和旅游部、国家发展改革委联合印发《大运河文化遗产保护传承规划》，旨在从国家层面为新时代大运河文化保护传承利用描绘宏伟蓝图。该规划坚持以文化和生态保护为引领，确定了大运河文化遗产的保护目标，着重强调对文化遗产保护和传承能力的建设，并提出了六个方面的主要保护任务[1]。

　　大运河河道水系是大运河功能的重要载体，大运河遗产保护的支撑项目应着眼于河道水系的治理和水污染的防治。2015年，国务院发布《水污染防治行动计划》，要求以改善水环境质量为核心，对江河湖海实施分流域、分区域、分阶段科学治理，系统推进水污染防治、水生态保护和水资源管理工作[2]。作为四个专项规划之一的《大运河河道水系治理管护规划》也于2020年6月由水利部、交通运输部、国家发展改革委正式发布，这是我国自1949年以来首次针对大运河河道水系治理管护制定的规划，是国家重视大运河文化保护传承的具体体现。作为文化载体，大运河河道水系的治理管护与一般的河道水系治理管护有所不同，必须要以保护传承利用大运河文化为根本目标，突出强调重在保护，要在治理。

①　唐仁敏.大运河文化保护传承利用规划体系已经形成［J］.中国经贸导刊，2020（19）：8–14.
②　岳晓娟，于帆，方安丽.水利视角下大运河河南段的保护与建设研究［J］.人民黄河，2020，42（S2）：107–108.

要保障大运河文化遗产的传承，其生态环境的保护修复是必不可少的。唯有还原山清水秀、绿色宜居的美丽运河，才能更好地挖掘运河文化内涵。2020年8月3日，生态环境部、自然资源部、发展改革委、林草局联合编制了《大运河生态环境保护修复专项规划》。该规划要求各相关部门切实保护和改善大运河生态环境，打造大运河绿色生态带；以美丽运河为载体，为大运河文化带建设打下最根本、最坚实的基础。大运河生态环境保护的成果会在大运河文化的融入中得以提升。在生态文化的导向、激励、凝聚等功能作用下，可以实现保护与传承利用相互支持、相互促进，打造大运河绿色发展的新格局。

大运河文化保护传承，离不开产业的发展和支持。旅游业作为展示运河文化中可持续发展产业的中流砥柱，是推进大运河文化公园建设的关键，也是实现大运河文化保护传承的重要一环。2020年9月，文化和旅游部、国家发展改革委员会同有关部门编制的《大运河文化和旅游融合发展规划》印发实施。这是落实《纲要》的一个重要专项规划，也是文化和旅游部组建以来出台的第一个关于文化和旅游融合发展的政策文件。该规划强调，要在把保护放在首位的前提下，坚持对大运河遗产的合理利用，有法可依地弘扬以大运河文明为代表的中华优秀传统文化，将大运河国家文化公园建设与区域协调发展相统筹，走文旅融合、资源互补的高质量发展道路。

三、保护性制度

1. 保护性机构

省部际会商小组是大运河保护与申遗过程中的协调机构，其第二次会议所确定的工作重点为针对遗产全线编制总体保护与管理规划，为大运河保护和申遗提供了科学指导和决策依据。2010年至2011年，受国家文物局委托，由中国文化遗产研究院牵头，多家科研机构共同承担，编制了《大运河遗产保护与管理总体规划》。该规划对3211公里的大运河沿线遗产进行了调研、分析与评估，提出了大运河遗产保护的基本原则和管理规定，编制了保护措施、遗产利用与展示、遗产管理、遗产研究、遗产环境保护规划以及近期规划等内容[①]。并

---

① 袁菲.城乡发展历史与遗产保护［J］.城市规划学刊，2012（04）：121-124.

要求各成员单位按照总体规划的保护管理要求，进一步加强沟通协调，切实推进大运河遗产保护整治和展示利用工作，为大运河永续发展和利用奠定坚实基础。

根据大运河保护和申遗省部际会商小组（以下简称"会商小组"）第三次会议的工作部署，以及《保护世界文化和自然遗产公约》及其《操作指南》的有关要求，国家文物局组织编制了《中国大运河遗产管理规划》，该规划仅适用于大运河申遗的 27 段河道遗产和 58 处遗产点，其主要条款的内容均与《大运河遗产保护与管理总体规划》以及各省级大运河遗产保护规划相一致。

2020 年 11 月 16 日，大运河沿线的 32 家博物馆在南京成立"大运河博物馆联盟"。各博物馆馆长及代表就大运河博物馆联盟的相关事宜进行了讨论，集体通过《大运河博物馆联盟章程》并签署《大运河博物馆联盟协同发展协议》，以加强运河文化学术交流合作为目的，协调运河沿线文物展示、文创产品和教育互动等资源，深化大运河文化品牌的国际影响力。联盟秘书处设在中国大运河博物馆（在建），目前暂由南京博物院代为管理。联盟将通过理念创新、信息互通、资源互换和机制互联，打破地缘阻隔，促进文物合理利用，创新文物"活起来"的方法途径，打造一批大运河国家文化公园的核心展示馆、特色展示点。

2. 运河污染防治相关制度

我国目前用于运河污染防治的主要制度包括环保税制度、环境财政投入、生态保护补偿制度、参与到 PPP 项目中的第三方污水处理服务、水权交易制度等①。其中，环保税制度是我国运用最为广泛和普遍的水污染防治调控手段。缴纳环境保护税属于排污者对占用环境容量和利用环境纳污的补偿，征税的目的在于统筹治理和改善环境②。

2018 年，我国实施《环境保护税法》，用环保税代替排污费征收，这一举措不仅仅在于征收项目名称的改变，还包括从思想上扭转人与自然关系中环境的被动地位，将自然环境包括大运河这类兼具自然与人造设施的工程纳入社

---

① 陈梓铭.大运河污染防治的新要求、新困境与新对策［J］.乐山师范学院学报，2020，35（09）：101-107.

② 汪劲.环境法学［M］.北京：北京大学出版社，2018：137.

会的协调发展考量之中。目前，河北、北京、天津等 10 个省市已经开始进行"水资源费改税"改革试点工作。

四、地方大运河文化遗产保护政策

大运河沿线各省市一方面通过各类协同机制整合资源，发挥大运河遗产保护整体效益最大化；另一方面，则通过建立大运河文化带建设工作领导小组，从实际情况出发，因地制宜打造运河文化遗产项目。

1. 北京市

2012 年，北京市文物局公布《大运河遗产保护规划（北京段）》，以"三步走"的详尽时间表，实现古老运河保护与北京城市发展协调统一。2019 年 12 月 5 日，北京市政府正式发布了《北京市大运河文化保护传承利用实施规划》及其配套的五年行动计划，构建大运河北京段"一河、两道、三区"的发展格局，让滨河绿道贯通，重点河道通航，打造文化展示区、生态景观区、疏解整治提升区，为北京大运河文化带的建设定调。

2. 天津市

天津市出台《大运河天津段核心监控区国土空间管控细则（试行）》，加强大运河核心监控区的国土空间管控。该细则的实施对大运河天津段的文化保护传承利用工作具有重要管控和指导作用。坚持在保护基础上做好文化传承、合理利用和生态永续发展，将大运河世界文化遗产保护和文物保护、河道保护、生态保护放在首位，兼顾城乡发展，保护大运河文化遗产与河道之间在实体、空间和文化、生态上的关联关系[1]，保护传统空间形态与历史风貌；针对大运河天津段文化遗产、自然资源禀赋和当前建设现状，突出文化属性、生态建设和综合功能，统筹考虑自然资源承载能力[2]，分别从国土空间布局与用途、空间形态与风貌、土地资源集约节约利用等方面提出管控要求，突出保护传承利用，在实施最严格管控的同时兼顾长远发展。2020 年 3 月 30 日起，天津市河（湖）长办组织开展了为期半年的"健康大运河"专项行动，全面改善大运河水环境面貌。目前，"健康大运河"专项行动已圆满完成。

---

①② 张萌，李威，尔惟.大运河文化保护传承利用视角下的国土空间管控策略研究——以天津市为例［J］.城市，2020（12）：73-79.

3. 河北省

2012 年，《中国大运河河北段遗产保护规划》经国家文物局同意并由河北省政府正式批准公布实施。该规划要求河北省境内大运河沿线各市、县（市、区）将大运河的保护纳入当地经济和社会发展规划以及城乡建设总体规划当中。在规划实施过程中，要妥善解决土地利用调整等问题。各相关部门要加强协调和配合，正确处理好大运河遗产保护与经济建设之间的关系，促进大运河遗产保护工作与经济社会发展相协调。

4. 江苏省

根据省委、省政府有关部署和《省政府关于扎实推进城镇化促进城乡发展一体化的意见》（苏政发〔2013〕1 号）要求，江苏省住房城乡建设厅组织编制了《江苏省大运河风景路规划》（以下简称《规划》）。《规划》确定了"一主、十七支、二十联"的风景路网络体系，深化和完善了大运河风景路线网的空间布局，强化了风景路与节点城镇、特色村庄、景区景点等的有机沟通。同时，该规划将大运河沿线资源的旅游化发展作为着力点，加强对各类资源和旅游产品的整合力度，全面提升旅游线路的连续性、旅游交通的便捷性和旅游产品的互补性。并且大力改善风景路沿线城乡居民生活生态条件，加快推进大运河风景路沿线各级、各类公共服务设施和基础设施建设。

5. 浙江省

2020 年 4 月 14 日，浙江省发展改革委、省自然资源厅、省文化和旅游厅、省委宣传部等单位联合印发实施的《浙江省大运河文化保护传承利用实施规划》成为指导浙江大运河文化保护传承利用的纲领性文件。该规划借鉴主体功能区理念，提出"1+5"的战略定位，深入挖掘打造精品大运河文化，实现了与国家《大运河文化保护传承利用规划纲要》的衔接。与此同时，该规划重点凸显大运河文化特征，构建科学合理的空间格局，实施八大工程，细化四十二项重点任务，打造出高水平的大运河文化保护、传承与利用的浙江样板。

6. 河南省

2011 年以来，河南省先后发布《河南省大运河遗产保护规划（2011—2030）》和《关于加强大运河河南段遗产保护工作的通知》，为河南省开展大运河保护与利用提供了科学依据和方法指导。2021年，《大运河河南段核心监控区国土空间管控办法（试行）》发布，将分层分区、因地制宜地对河南省域内大运河的核心区开展管控与保护，在突出地域特色的前提下，划分出不同的功能定位区，实现大运河生态与人文景观的修复与延续（表3-3）。

表3-3　运河相关政策文件表

省市	政策文件名称	发布年份	涉及内容
北京市	《北京市水利工程保护管理条例》	1986年	加强管理
	《北京市2013-2017年清洁空气行动计划》	2013年	运河水系综合治理洁小流域建设力度
	《北京市东城区前门大街等特色商业街区业态发展指导》	2014年	运河保护开发
	《北京市水污染防治工作方案》	2015年	运河绿道工程建设
	《北京市"十三五"时期环境保护和生态建设规划》	2017年	运河绿道工程建设
	《北京市"十三五"时期现代产业发展和重点功能区建设规划》	2017年	传承运河文化东部运河文化带
	《北京市人民政府关于全面加强生态环境保护坚决打好北京市污染防治攻坚战的意见》	2018年	运河等河湖水系整治
	《北京市关于全面深化改革、扩大对外开放重要举措的行动计划》	2018年	创新运河文化带建设
	《北京市顺义区人民政府关于进一步加强文物工作的实施意见》	2018年	大运河文化带
	《北京城市副中心控制性详细规划（街区层面）（2016年—2035年）》	2019年	做好大运河沿岸和公共环境营造
	《北京市通州区人民政府关于印发北京市通州区大运河森林公园管理办法的通知》	2019年	大运河森林公园管理办法
天津市	《关于蓟运河北运河等河道部分堤段树木采伐更新的批复》	2009年	树木采伐更新
	《关于沿北运河建设文化古街的批复》	2011年	建设运河文化古街
	《关于陈大公路南运河桥拆除重建的批复》	2012年	运河建设
	《关于宁河光明路蓟运河大桥工程跨蓟运河防洪影响评价报告的批复》	2012年	运河防洪
	《市水务局关于北辰区运河东路（富彩道—瑞辰路）工程沿北运河修建道路的批复》	2016年	修建运河道路

省市	政策文件名称	发布年份	涉及内容
河北省	《关于引黄济津维修加固南运河沧州市区北环路段护砌等四项工程扩大初步设计的批复》	2008年	运河维护
	《河北省交通运输厅关于邢临高速公路冀鲁界段卫运河特大桥工程施工图设计的批复》	2009年	运河建设
	《中国大运河邢台市运河遗产保护规划》	2009年	运河遗产保护
	《关于青县迎宾桥、振兴桥跨南运河工程防洪评价报告的批复》	2012年	运河防洪
	《关于北运河香河段治理工程水土保持方案的批复》	2013年	运河维护
	《锡盟—山东1000千伏特高压交流输变电工程跨越南运河文物保护方案》	2015年	运河文化保护
	《泊头市运河景观带工程防洪评价报告》	2016年	运河防洪
山东省	《山东省关于加强水路运输安全管理的若干规定》	1988年	运河航运管理
	《山东省文化产业发展专项规划（2007–2015）》	2007年	传承运河文化
	《山东省国民休闲发展纲要》	2011年	传承运河文化
	《山东省大运河遗产山东段保护管理办法》	2013年	运河遗产保护
	《山东省人民政府关于贯彻落实国发（2014）31号文件促进旅游业改革发展的实施意见》	2014年	运河旅游开发
	《关于进一步加强湿地保护管理工作的意见》	2015年	湿地保护
	《山东省京杭运河航运污染防治办法》	2015年	运河航运污染防治
	《山东省水污染防治条例》	2018年	水治理
	《山东省美丽村居建设"四一三"行动推进方案》	2018年	村居建设
	《山东省地理信息产业发展规划（2017–2025年）》	2018年	运河衍生产业
河南省	《河南省"十二五"旅游产业发展规划》	2012年	运河旅游开发
	《河南省人民政府办公厅关于加强大运河河南段遗产保护工作的通知》	2012年	运河遗产保护
	《河南省人民政府办公厅关于印发2015年河南省加快商务中心区和特色商业区建设专项工作方案的通知》	2015年	运河经济恢复
	《河南省人民政府办公厅关于印发河南省水污染防治攻坚战9个实施方案的通知》	2017年	运河水系综合治理
	《河南省人民政府办公厅关于印发河南省"十三五"旅游产业发展规划的通知》	2017年	运河旅游开发

续表

省市	政策文件名称	发布年份	涉及内容
河南省	《河南省人民政府关于印发森林河南生态建设规划（2018–2027年）的通知》	2018年	建设运河生态保育带
	《河南省人民政府关于实施四水同治加快推进新时代水利现代化的意见》	2018年	运河水系综合治理
	《关于印发河南省贯彻落实淮河生态经济带和汉江生态经济带发展规划实施方案的通知》	2019年	建设运河生态保育带
安徽省	《安徽省人民政府关于加强我省大运河遗产保护管理工作的通知》	2012年	运河遗产保护
	《安徽省人民政府关于公布大运河遗产安徽段保护规划的通知》	2012年	运河遗产保护
	《安徽省人民政府办公厅关于成立省大运河文化带建设领导小组的通知》	2017年	运河管理
江苏省	《省政府办公厅关于切实做好淮河流域水污染防治工作的通知》	2005年	运河水系综合治理
	《省政府关于骆马湖——三台山古黄河——运河风光带风景名胜区列为省级风景名胜区的批复》	2007年	建设运河风光带
	《省政府关于加快水运发展的意见》	2007年	可航运发展
	《省政府办公厅关于印发江苏省"十一五"环境保护和生态建设规划的通知》	2008年	运河水系综合治理
	《省政府印发贯彻国务院关于进一步推进长江三角洲地区改革开放和经济社会发展指导意见实施方案的通知》	2009年	开发大运河旅游城镇带
	《省政府关于江阴历史文化名城保护规划的批复》	2010年	运河视觉走廊
	《省政府关于加快发展体育产业的实施意见》	2010年	大运河衍生产业
	《省政府关于进一步加强文物工作的若干意见》	2012年	运河遗产保护
	《省政府办公厅关于进一步加强南水北调东线江苏段输水干线船舶污染防治工作的通告》	2013年	运河污染治理
	《省政府办公厅关于进一步加强文化产业园区（基地）建设的意见》	2013年	开发大运河衍生产业
	《省政府办公厅关于加强大运河（江苏段）遗产保护和管理工作的意见》	2013年	运河遗产保护
	《省政府关于全面构建"畅游江苏"体系促进旅游业改革发展的实施意见》	2014年	运河旅游带建设

省市	政策文件名称	发布年份	涉及内容
江苏省	《省政府办公厅关于实施江苏省大运河风景路规划的通知》	2014年	建设大运河风景路
	《省政府办公厅关于推进"畅游江苏"品牌建设的意见》	2014年	运河旅游城市建设
	《省政府关于加快提升文化创意和设计服务产业发展水平的意见》	2015年	建设沿运河创意设计特色产业带
	《省政府关于同意设立江苏省无锡江南古运河旅游度假区的批复》	2015年	度假区建设
	《省政府办公厅关于推进生态保护引领区和生态保护特区建设的指导意见》	2017年	生态保护
	《省政府关于同意宿迁市宿豫区中运河刘老涧水源地保护区划分方案的批复》	2018年	水源保护
	《省政府关于同意苏州市东汇公园南下穿护城河隧道工程涉及京杭大运河苏州段文物保护方案的批复》	2019年	运河保护
浙江省	《浙江省水资源管理条例》	2005年	运河水系综合治理
	《浙江省人民政府办公厅关于印发浙江省贯彻落实长江三角洲地区区域规划实施方案的通知》	2011年	建设运河文化产业走廊
	《浙江省人民政府关于贯彻国务院进一步推进长江三角洲地区改革开放和经济社会发展的指导意见》	2011年	运河航运
	《浙江省人民政府关于印发浙江省旅游业发展十二五规划的通知》	2012年	运河旅游
	《浙江省人民政府办公厅关于印发浙江省内河水运复兴行动计划（2011–2015年）的通知》	2012年	运河航运恢复
	《浙江省人民政府关于印发浙江省全民健身实施计划（2011–2015年）的通知》》	2012年	运河体育带建设
	《浙江省人民政府关于印发浙江省清洁水源行动方案的通知》	2012年	运河水系综合治理
	《浙江省人民政府办公厅关于印发浙江省贯彻落实长江三角洲地区区域规划实施方案的通知》	2011年	打造特色运河文化基地
	《浙江省人民政府关于适当调整大运河（浙江段）遗产保护范围和建设控制地带的批复》	2015年	运河遗产保护
	《浙江省人民政府关于划定大运河之凤山水城门遗址等112处文物保护单位保护范围和建设控制地带的批复》	2016年	运河遗产保护

续表

省市	政策文件名称	发布年份	涉及内容
浙江省	《浙江省人民政府办公厅关于印发浙江省海洋港口发展"十三五"规划的通知》	2016年	运河航运建设
	《浙江省转发省旅游局、省交通运输厅关于加快推进交通运输与旅游融合发展实施意见的通知》	2017年	运河旅游带建设

资料来源：大运河保护和传承利用的相关研究回顾与现实困境。

第四节　问题与建议

一、国外国家公园遗产保护的经验借鉴 [①]

他山之石，可以攻玉。在国际上，自 1872 年美国建立世界上第一个国家公园至今，已有 100 多年的历史。在此期间，全球有近 200 个国家和地区开展了相关实践，在法律法规、管理体制、财政体制、文化遗产保护机制等方面做出了有益探索，形成了各具特色的模式，为我国国家文化公园的建设及管理提供了宝贵的经验。

1. 立法层次高，体系完整，内容详全，可操作性强

在国际上，被公认在国家公园建设方面颇见成效的国家都高度重视国家公园的立法工作。不仅立法层次位于国家层面，而且形成了较为成熟的法规体系。美国的《国家公园管理局组织法》是在立法层次上仅低于《宪法》的法律；加拿大的《加拿大国家公园法》为其国家公园的组织、建设和管理提供了完备的法律保障。巴西的《自然保护区系统法令》、南非的《国家公园法》都是国家层面的法律。而且各国以其国家公园法为核心，辅之以一系列配套法规、计划、政策、战略和手册指南，建立了完善的公园法律法规体系。美国在针对国家公园整体立法的同时，还分别依据各个国家公园保护和管理的实际情况分别立法，做到"一园一法"，极大地丰富了国家公园法规体系的内容。各

---

① 　周武忠.国外国家公园法律法规梳理研究［J］.中国名城，2014（02）：39-46.

项法规等级梯度明确，形成了相互补充、相互制约的平衡法律框架。同时，盟国国家公园管理局采取管理方针的形式进行管理，管理方针需依照局长令进行细化，这为具体实施环节定立了明确的参考依据，极大地增强了法律法规的可操作性。加拿大国家公园相关法律中，对国家公园管理部门的责权、义务、权限、人力资源、专项资金、执行监管等方面也都作出了详细且明确的规定。

2. 立法导向性明确

各个国家在针对自身国情下的国家公园立法重点偏向性不同。美国和加拿大重视规划管理，设置专门机构统一编制总体规划、专项规划、详细规化和单体设计，规划成果完成后普遍征询公众意见。《加拿大国家公园法》要求新建立的公园必须在建立之后 5 年内做出建设与管理计划。每一公园的管理计划，必须全面地陈述它的建设与管理目标以及实现这些目标的手段和策略。公园管理计划经议会批准后实施，以后每隔 5 年调整计划或重新制订计划。英国则更加注重对历史环境遗迹的立法，这与其相对丰富的人文环境和历史积累密不可分。从 1882 年至今，英国先后制定《古纪念物保护法》《古纪念物及考古学地区法》《国家遗产法》《城乡规划法》《规划〈登录建筑及保护区〉法》用于保护制定纪念物、登录建筑和保护区。巴西、阿根廷和南非的国家公园法规都和环境保护密切相关。因其国家公园内容均以自然生态保护区为主，所以侧重点也一目了然。

3. 经营活动有法可依

国家公园的建立以资源保护作为首要任务，同时承担起促进经济增长和区域发展的功能。在国家公园内开展市场性的经营活动同样需要法律的规范。国外国家公园一般采用特许经营制度开展经营活动，美国 1965 年颁布实施的《国家公园管理局特许事业决议法案》，要求在国家公园体系内全面实施特许经营制度，即公园的餐饮、住宿等旅游服务设施及旅游纪念品的经营必须以公开招标的形式征求经营者，特许经营收入除了上缴国家公园管理局以外，必须全部用于改善公园管理。1998 年的《国家公园管理局特许权管理改进法案》则重新规定了土地使用特许权转让的原则、方针和程序。

4. 重视利益相关主体的参与

加拿大在制定和执行国家公园政策对公众意见都给予了充分的尊重。如

《加拿大国家公园法》明确规定必须给公众提供机会，使他们能够参与公园政策、管理规划等相关事宜，省立公园法中同样有相关的规定。另外，基本上每一个国家公园、省立公园均设有志愿者协会，专门关注和参与公园的建设和发展。此外，由于一些国家公园与原住民的保留地重合，加拿大国家公园非常重视原住民在公园管理中的作用，在充分尊重他们权利的基础上，与他们建立真正的伙伴关系，尊重原住民文化在生态完整性建设中的作用。在巴西，《自然保护区系统法令》规定，在为合理利用自然资源而开发和采用方法和技术时，要特别考虑当地群体的条件和需要。保证靠利用保护区内现存的自然资源而生存的传统群体，要有为其生存安排代替品或者对其损失的资源给予公正的赔偿。南非的《国家公园法》中也规定了国家公园中公共溪流滨水土地所有者的权益，他们有权获取溪流中的水源，将其用于建造、维修或灌溉等方面，但这些用途必须以不影响公园中的动植物和游客为前提。

5.强调部门协作和法律法规一致性

在立法历史相对悠久的国家，例如英国和德国，各法律法规间的协调性和一致性比较突出。针对国家公园的法律和其他相关法律之间的衔接性良好。例如德国《联邦自然保护和景观规划法》在第五条"农业、林业和渔业"部分就规定农业、林业和渔业的利用要遵循农业相关法律和《联邦土壤保护法》的相关规定。英国的《环境保护法》中的各条款，也多次提到《国家公园与乡村进入法》《城镇与乡村计划法》《野生动物和乡村法》等相关法规之间的衔接与协调。

二、我国大运河遗产保护存在的问题

作为中华民族较具代表性的文化标识之一，大运河文化遗产的保护传承利用工作得到了高度的重视与关注。从《大运河遗产保护管理办法》的颁布实施，到大运河世界遗产申遗成功，再到大运河国家文化公园的建设，我国在大运河遗产保护方面做出了一系列创新性的尝试。但是，受到各主客观要素的限制，我国大运河遗产保护与管理仍存在一定的问题。这需要我们从科学角度出发，以批判性的思维客观评价现行大运河遗产保护体系，直面不足，积极解决。

1. 立法层次不高，可操作性不强

在现行法律中，《大运河遗产保护管理办法》作为国家层面大运河遗产保护管理唯一的专项法规，仅为部门规章级别，自身法律级别过低，法律效力较弱。而大运河遗产的保护管理又涉及多部门、多行业，仅通过部门规章难以协调相关部门、厘清各自权责①。所以，制定更高级别的大运河专项法律法规有其现实需要。

2. 管理主体混乱

大运河遗产具有时空跨度大、分布范围广、遗产类型多样等特点，使得它的管理更为复杂，涉及部门多、领域多、地区多，管理主体的确认在大运河遗产的保护管理中就显得尤为重要。但目前大运河的保护管理工作，尤其是协调方面存在诸多问题。大运河沿线多数城市尚无专门的大运河遗产保护管理机构，地方非文保部门在保护管理方面的职责不明晰，使得许多大运河遗产的管理主体不明确，加之以跨部门跨地域协调会议为代表的协调机制尚不健全，导致大运河遗产难以得到良好的保养维护②。

3. 资金保障体系不完善

大运河国家公园的建设要坚持全民共享的理念和"人民的公园"的定位。与此同时，大运河沿线亮丽的景观风貌作为独特旅游资源的价值也不应被忽视。平衡协调好大运河文化公园公益性与市场化之间的关系需要完善的资金保障体系为支撑。但在针对大运河的法律法规中，尚未形成完善的资金保障体系规定，没有设置专项资金及其管理部门，财政支持来源不稳定。仅在《大运河遗产保护管理办法》中依赖公民、法人和其他组织捐赠的方式设立大运河遗产保护基金，用于大运河遗产保护。

4. 与国家现行其他法律协调性弱

大运河遗产因其自身的多重功能，所涉及的法律法规保护范围也存在重叠。无论是交通运输还是防洪灌溉，抑或是休闲游憩，都与当代居民的生活息息相关。自然的，针对大运河遗产保护的法律法规和各个专项领域内的上位法之间，难免出现重合。但在这一情况下，如何界定各法规间的效力尚且未明；

---

①② 《大运河遗产保护管理办法》的二三建议. http://www.whccco.org/view-590.html.

涉及大运河遗产时，规划内容从属的法律依据也尚不清晰。一般性法规、专项法规和地方法规之间的衔接问题是保护大运河遗产亟待解决的问题。

5. 监督执法制度空白

大运河遗产保护的各项规划需要有关管理部门进行具体落实，但在实践操作过程中，执法权和监督权的空白使得项目操作的不确定性和风险性增大。一方面，涉及大运河遗产管理的专门机构，在现阶段缺乏规划执法权等规划管理权限，导致在处理违法违规建设上处于弱势地位，无法为涉及建设的违法行为处理纠正提供保障。另一方面，对大运河遗产管理机构的监督不到位，易出现岗职缺失、推诿扯皮、不作为等现象，不利于大运河遗产保护的持续性发展。

6. 忽视居民利益和社区利益的保护

大运河作为活态文化遗产，和普通的自然生态保护地或传统意义上的国家公园最大的区别，在于它和"人"的互动性。不能将其作为一个单纯独立的建筑或工程看待，因为它的内涵与价值表现于和它相关联的人民的生产生活之中。现行大运河法律法规体系中，未能表现出对大运河沿线及其周边区域内居民和社区利益的关注。脱离这一"群众基础"，不利于大运河文化符号的构建和文化认同的培育，对大运河国家文化公园的建设和管理也将产生阻碍。

三、发展建议

针对我国大运河遗产保护存在的问题，在充分考虑大运河遗产特点和我国实际国情的情况下，借鉴国际上国家公园建设的优秀做法，提出推动大运河国家文化公园建设步伐的意见与建议。

1. 提高立法层次，完善法律法规体系

高层次的立法是打造完善的大运河国家文化公园法律法规体系的第一步，也是实现大运河文化遗产保护利用的统领。提高立法层次，有利于增强法律效力，以国家公权力保障大运河国家文化公园的"国家"属性，为国家公园的打造奠定坚实的法律基础。完善法律法规体系，推动相关配套政策的出台，有利于国家公园管理的法制化和规范化建设。要积极推动国家公园专项"母法"的建立和"一园一法""一区一法"的落实，对上位法有针对性地作出阐释、补充和细化。

2. 建立权责明确，运营高效，监督规范的管理模式

国家公园概念的提出和践行，意味着一改过去各部门分头、各地区分段的文化遗产保护模式，变为国家统一规划与管理。因此，需要建立一个从中国实际国情出发，充分考虑大运河遗产特点的国家公园管理模式。解决多头管理、权责不明所产生的争利、推诿现象，提高工作效率，实现党内监督、制度监督和全民监督相结合，更好地发挥国家公园管理部门的作用，实现对大运河遗产的有效保护和利用。

3. 加强有关部门协调合作

大运河遗产作为线性文化遗产的属性和特质，要求其所涉及的相关部门加强协调合作，厘清部门关系，建立起多维度、多层级、高效率的合作机制。一方面，各专项部门各司其职，有利于大运河遗产的专业性保护；另一方面，协作机制的开展有利于从整体上实现大运河遗产的管控和开发利用，最大限度上实现生态效益、文化效益和经济效益。

4. 注重法律间衔接一致

法律体系的高效性不仅体现在完整度和专业度上，还需要良好的一致性作为保障。国家公园法律体系的有效运转需要核心法律与配套法律的有机衔接。处理好大运河国家公园管理的"母法"《大运河遗产保护管理办法》与其他一般性法律法规之间的关系，使各个法律法规之间形成相互支撑的体系，共同服务于国家公园体制的建设。同时也要为今后可能出台的法律法规预留制度空间，统筹考虑多部法律之间的制度关系。

5. 政企分离，特许经营

处理好国家公园公益性和市场化的关系，是国家公园管理中的一个重要命题。其中，政府扮演"管理者"和"服务员"的角色，保障国家公园效益"全民享有"。企业作为民间力量，可以也有必要参与到国家公园的管理和建设当中。明确特许经营等资源有偿使用制度，是明确资源管理和经营利用边界的重要制度。特许经营项目应仅限于旅游和其他经营性项目，如餐饮、交通、购物、旅宿等，并对特许经营范围、引进方式、合作方式、期限、收入用途管理等作出限制性规定。同时应在地役权制度、生态修复制度、利益相关方参与制度、责任追究制度等方面，进行规定或探索。

6. 处理好利益相关主体关系

国家公园的建设，涉及多方利益相关主体，尤其是大运河国家文化公园体量之大，范围之广，更需权衡好各方主体间的利益。鼓励民众积极参与到国家公园从选址到规划、管理、监督等一系列过程之中，能将利益被动分配转化为主动争取，同时也为国家公园的建设提供了宝贵的参考意见。建立多方协商机制或座谈小组，尊重个人利益和社区利益的表达，为社会力量提供发挥效益的平台。

7. 全民推广国家文化公园理念 [①]

大运河国家文化公园的建立，既是对大运河遗产的保护，也是对文化资源的整合。中国国家公园价值实现的本质是文化认同的获得。因此，国家可借助多渠道、多媒体的形式，以主流价值观为导向，线上、线下双线并进，宣传为主，娱乐为辅，向全社会推广国家公园的建设理念，培养民众的文化自觉与文化自信，从而增强国家和民族的凝聚力，也为更好地建立中国特色国家公园服务。

---

① 陈健，张兵.世界国家公园体系对中国国家公园建设的启示［J］.商场现代化，2012（30）：186-189.

第四章 大运河国家文化公园的管理体制机制

第一节 理论基础

一、管治理论

管治是通过多种利益集团的对话、协调、合作以达到公共性资源的合理开发利用，补充市场交换和政府自上而下调控之不足，从而获得共赢的综合社会管理方式[①]。全球管治委员会将管治定义为各种公共和私人的机构管理及其共同事务的诸多方式的总和，是使相互冲突的不同利益得以调和，并且采取联合行动使之得以持续的过程。它认识到了组织之间的相互依赖，其本质是政府与非政府之间及其内部各种力的相互作用。

管治作为一种理论体系的基础是从哈丁（1965）提出的"公地悲剧"模式开始的[②]。当前，管治理论主要应用于城市相关研究中，并成为城市规划和城市地理学研究的重要理论基础之一，黄向（2008）已将管治理论运用于国家公园的垂直型管理模式的探究中[③]。国家文化公园内自然和人文资源的使用涉及

---

① Jon，Pierre. Models of Urban Governance：The Institutional Dimension of Urban Politics［J］. Urban Affairs Review，1999，34（3）：372–396.

② Hardin. The Tragedy of the Cambridge Mass. MI Press，1965.

③ 黄向.基于管治理论的中央垂直管理型国家公园PAC模式研究［J］.旅游学刊，2008（07）：72–80.

多方的利益主体，平衡多方利益才能进行有效管理。

二、善治理论

善治理论是国家政府与公民社会之间的一种新型合作关系，它是在治理问题愈加突出的背景下，由治理理论衍生出来的，也是治理的最佳状态。托马斯·威斯（2000）在《治理、善治和全球治理：观念和实践的挑战》一文中提出，善治应包括政治上的参与、负责和回应，经济上的公平、竞争和非歧视以及公民社会的自组织①。俞可平将善治理论引入中国，并提出善治理论的本质就在于还政于民，使公民参与到对公共事务的管理中，从而实现公共利益的最大化②。

善治的主要目的就是在社会管理过程中，加强政府与公民的合作，真正实现公共利益运行的最大化和最优化③。作为公民与政府的最佳合作形式，善治也应运用到国家文化公园的管理中。

三、新公共管理理论

新公共管理理论是针对传统管理理论提出的，它既指一种新的管理理论，又指一种新的公共行政模式。有别于传统管理理论，新公共管理理论在管理理论基础上，对管理的自由化与市场化进行创新。欧文·休斯（2002）认为新公共管理的内涵是具有灵活的组织、人事、任期和条件，明确规定采用绩效手段测量工作完成情况，并进行系统评估新的计划方案，运用市场手段管理公共事务，用民营化与市场化等手段逐步减弱政府职能④。总的来看，新公共管理理论主要焦聚于提高管理效率与保证公共管理公平两个方面。新公共管理的目的在于创建一个具有事业心与预见性的政府，并将政府职能从制约型转变为服务型，要求政府最大效率地使用公共资源，依托新的理念和机制，不断提升管理和服务能力，对于国家文化公园的管理具有借鉴作用。

①　Thomas G Weiss. Governance，Good Governance and Global Governance：Conceptual and Actual Challenges［J］. Third World Quarterly. 2000. 21（5）：795–814.

②　俞可平. 治理与善治［M］. 北京：社会科学文献出版社，2004.

③　俞可平. 治理和善治引论［J］. 马克思主义与现实，1999（05）：37–41.

④　欧文·休斯. 公共管理导论［M］. 张成福，王学栋等译. 北京：中国人民大学出版，2002：62.

四、新公共服务理论

新公共服务理论是在新公共管理运动在实践中作用弱化的背景下提出的，兴起于 21 世纪初。登哈特夫妇（2000）发表的《新公共服务：服务，而不是掌舵》一文正式开启新公共服务理论研究的篇章，其中提出了未来的公共服务将以公民对话协商和公共利益为基础[①]。新公共服务理论立足于公共利益观念，并且倡导行政人员能够全心全意为人民服务，鼓励非政府组织参与政府的政策制定过程，充分利用社会中所有能够创造价值的资源，建构政府与社会共同治理的合作型社会治理模式。

新公共服务理论强调公共行政在以公民为中心的治理系统中要扮演服务的角色，对推进公共服务改革、提高公共文化服务满意度、完善国家文化公园这类现代公共文化服务体系具有借鉴意义。有助于政府完善公共文化服务，满足公众文化需求，促进政民合作，加强政民沟通协作，维护良好的文化氛围。

第二节　管理机构设置

一、国外国家公园管理机构设置

1. 美国国家公园管理机构设置

美国国家公园管理采取了典型的中央集权的垂直管理体系。美国联邦政府内政部下设国家公园管理局负责统筹所有国家公园的管理工作。美国国家公园管理局由一位局长统筹，并将具体事务分为运营和国会及对外关系两类，分别由两位副局长管理。其中，国会及对外关系类事务，分别由管理立法和国会相关事务的局长助理和管理国际交流相关事务的主任来管理。运营类的八项事务：自然资源保护和科学相关事务；解说、教育和志愿者相关事务；游客及资源保护相关事务；合作与公众参与相关事务；文化资源、合作伙伴与科学相关

---

① Denhardt R B，Denhardt J V . The New Public Service：Serving Rather Than Steering［J］. Public Administration Review，2000，60（6）.

事务；人力资源及其相关事务；公园规划、设施设备及土地相关事务；信息资源相关事务，分别由八位协理局长管理。同时，以州界为标准设立了 7 个跨州的地区局作为国家公园的地区管理机构。此外，在每个国家公园中都设有基层管理部门，并实行园长负责制，由园长负责管理各个公园的综合事务，形成了以"国家公园管理局 – 地区管理机构 – 基层管理部门"为主线的三级垂直管理体系^①（图 4-1）。

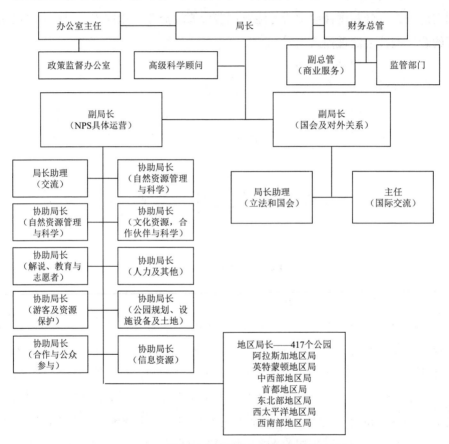

图 4-1　美国国家公园管理机构设置情况

资料来源：朱仕荣，卢娇 . 美国国家公园资源管理体制构建模式研究［J］. 中国园林，2018，34（12）：88-92.

---

① 朱仕荣，卢娇 . 美国国家公园资源管理体制构建模式研究［J］. 中国园林，2018，34（12）：88-92.

2. 加拿大国家公园管理机构设置

加拿大的国家级国家公园采用的也是典型的自上而下的垂直管理体系。1911 年，加拿大建立了联邦国家公园管理局，成为世界上首个国家公园管理机构，其基本职能包括国家公园的划定、规划、运行和管理，以及相关管理政策和法律法规的制定。联邦国家公园管理局由一名首席执行官负责统筹。具体事务分为三类，分别为运营相关事务、项目相关事务和内部支持服务。每类事务的细分类别都对应一个负责管理的副总裁。运营类事务对应东部运营副总裁和西部与北部运营副总裁；项目相关类事务对应保护区设立和保护副总裁、遗产保护和纪念副总裁、外部关系和游客副总裁；内部支持服务类事务对应行政主管、财务主管、投资计划和报告副总裁助理、人力资源主管[①]（图 4-2）。

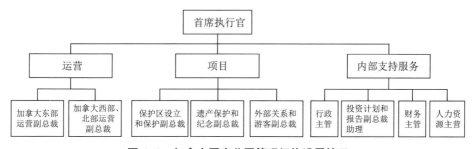

图 4-2　加拿大国家公园管理机构设置情况

资料来源：蔚东英.国家公园管理体制的国别比较研究——以美国、加拿大、德国、英国、新西兰、南非、法国、俄罗斯、韩国、日本 10 个国家为例［J］.南京林业大学学报（人文社会科学版），2017，17（3）：89-98.

3. 德国国家公园管理机构设置

德国的国家公园采用的是地方自治管理体系。在国家公园的管理中，地方占据主要作用，负责管理国家公园的各项具体事务，而国家政府只负责宏观政策的制定。德国国家公园管理机构分为三级：一级机构为州立环境部；二级机构为地区国家公园管理办事处；三级机构为县（市）国家公园管理办公室，分别隶属于各州（县、市）议会，并在州或县（市）政府的直接领导下，依据国

---

① 蔚东英.国家公园管理体制的国别比较研究——以美国、加拿大、德国、英国、新西兰、南非、法国、俄罗斯、韩国、日本 10 个国家为例［J］.南京林业大学学报（人文社会科学版），2017，17（3）：89-98.

家的有关法规，自主地进行国家公园的管理与经营活动^①（图 4-3）。

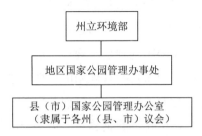

图 4-3　德国国家公园管理机构设置情况

资料来源：国家林业局森林公园管理办公室，中南林业科技大学旅游学院.国家公园体制比较研究［M］.中国林业出版社，2015.

4. 日本国家公园管理机构设置

日本的国家公园分为国立公园和国定公园两种，采用的是综合型管理体系。国立公园由国家管理，而国定公园则是由地方管理。在日本环境省有专门负责国家公园的自然环境局国立公园课，该部门按地区下设 11 个自然保护事务所（北海道东部、北海道西部、东北地区、关东北部地区、关东南部地区、近畿地区、中部地区、山阴地区、山阳地区、山阳四国地区、九州地区及冲绳奄美地区），负责本区域内的国家公园具体事务管理，跨越多个地区的国家公园各自由不同地区自然保护事务所负责^②。但在实际管理中，日本多采用公园管理团体制度，公园管理团体是由民间团体或市民自发组织的，经国立公园上报，环境大臣认可的公益法人或非营利性活动法人，全面负责公园日常管理、设施修缮和建造，以及生态环境的保护、数据收集与信息公布，以更好地协调公园内的多方利益^③（图 4-4）。

---

① 国家林业局森林公园管理办公室，中南林业科技大学旅游学院.国家公园体制比较研究［M］.中国林业出版社，2015.

② 蔚东英.国家公园管理体制的国别比较研究——以美国、加拿大、德国、英国、新西兰、南非、法国、俄罗斯、韩国、日本 10 个国家为例［J］.南京林业大学学报（人文社会科学版），2017，17（3）：89-98.

③ 许浩.日本国立公园发展、体系与特点［J］.世界林业研究，2013，26（6）：69-74.

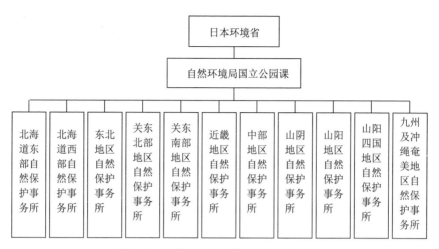

图4-4　日本国立公园管理机构设置情况

资料来源：许浩 . 日本国立公园发展、体系与特点［J］. 世界林业研究，2013，26（6）：69-74.

5. 韩国国家公园管理机构设置

韩国的国家公园也采用了综合型管理体系。管理机构由国家公园管理公团本部（中央）和地方管理事务所组成，其任务是代替环境部长执行公园内资源调查和研究、设施设立和管理、区域清洁等事务，以及对公园利用进行指导[①]。国家公园管理公团由1位理事长统筹，其下为副理事长。此外，还有负责策划相关事务的策划理事，分管策划处和总务处，与负责运营相关事务的运营理事，分管资源保全处和探访设施处。为了使工作得到保障，该组织还设立了监视室，以及运营了26个国立公园事务所和国立公园研究院、濒危种复原中心、山岳安全教育中心、航空队等机构（图4-5）。

---

　　① 国家林业局森林公园管理办公室，中南林业科技大学旅游学院 . 国家公园体制比较研究［M］. 中国林业出版社，2015.

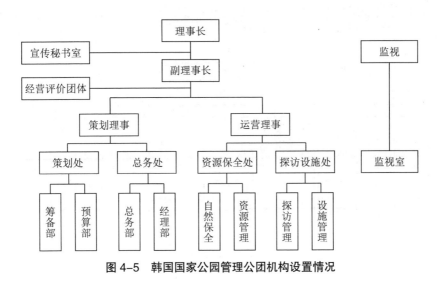

图 4-5　韩国国家公园管理公团机构设置情况

资料来源：国家林业局森林公园管理办公室，中南林业科技大学旅游学院.国家公园体制比较研究［M］.中国林业出版社，2015.

二、中国国家公园管理机构设置

我国对国家公园的探索起步较晚，在中办、国办印发的《建立国家公园体制总体方案》（2017）中指出，我国应整合组建统一的国家公园管理机构，履行国家公园范围内的生态保护、自然资源资产管理、特许经营管理、社会参与管理、宣传推介等职责，负责协调与当地政府及周边社区关系，可根据实际需要，授权国家公园管理机构履行国家公园范围内必要的资源环境综合执法职责，并构建协同管理机制，合理划分中央和地方事权，构建主体明确、责任清晰、相互配合的国家公园中央和地方协同管理机制。

目前，我国在中央层面，已于国家林业与草原局加挂国家公园管理局牌子，统一行使国家公园管理职能，在各试点层面，积极探索了自上而下分级行使所有权和央地协同管理机制，组建完成了三江源、东北虎豹、大熊猫、祁连山、神农架、武夷山、钱江源、湖南南山、普达措和海南热带雨林等10处国家公园管理机构，并形成了3种典型的管理模式：政区协同型、目标管理型和综合治理型^①。

1. 政区协同型

政区协同型管理模式侧重于国家公园与地方政府间的协作，将生态保护义务与社会发展责任整合为一体，以畅通沟通机制，提升管理效率。基本表现形式为机构负责人由属地政府主要领导人兼任，或机构的内设机构与属地政府的内设部门综合设置，将国家公园管理职责同步纳入地方政府治理责任范畴，两块牌子、一套人马。较为典型的案例有钱江源、神农架和湖南南山国家公园等。

2. 目标管理型

目标管理型管理模式是指管理单位机构由林草相关职能部门直接转划而来，避免了属地政府的直接作用，管理目标更为纯粹，机构的职责权限更加精准专一。实际操作中，往往通过增大管理幅度、优化管理层级、向下分权等方式来提高组织效能。较为典型的案例有三江源、武夷山、普达措和海南热带雨林国家公园等。

3. 混合治理型

混合治理型管理模式兼具政区协同型和目标管理型的若干特点。适用于对跨省的国家公园进行管理，强调协同共治。管理局是依托林草相关职能部门组建而成的，但其二级机构（如省管理局/管理分局等）往往是以地方政府管理为主，具有地方治理风格。在执行层面，通常由省管理局和管理分局实行双重领导。较为典型的案例有东北虎豹、大熊猫和祁连山国家公园等。

三、大运河国家文化公园管理机构设置

2019 年是我国国家文化公园体制探索元年，中办、国办印发的《长城、大运河、长征国家文化公园建设方案》（2019）（以下简称《方案》）对国家文化公园的管理体制做出了指导性的部署。大运河国家文化公园作为重点发展的国家文化公园之一，也应遵循《方案》中提出的管理体制与原则。

《方案》提出，国家文化公园管理应构建中央统筹、省负总责、分级管理、

---

① 张小鹏，孙国政.国家公园管理单位机构的设置现状及模式选择［J/OL］.北京林业大学学报（社会科学版）：1-8［2021-03-31］.https://doi.org/10.13931/j.cnki.bjfuss.2020152.

分段负责的工作格局。发挥部门职能优势，整合资源形成合力。分省设立管理区，省级党委和政府承担主体责任，加强资源整合和统筹协调，承上启下开展建设。具体来看，要求成立国家文化公园建设工作领导小组，中央宣传部部长任组长，中央宣传部、国家发展改革委、文化和旅游部负责同志任副组长，中央宣传部、中央网信办、中央党史和文献研究院、国家发展改革委、教育部、财政部、自然资源部、生态环境部、住房城乡建设部、交通运输部、水利部、农业农村部、文化和旅游部、退役军人事务部、市场监管总局、广电总局、中央广电总台、国家林草局、国家文物局、中央军委政治工作部有关负责同志任成员。领导小组办公室设在文化和旅游部。并设立专家咨询委员会，提供决策参谋和政策咨询，相关省份建立健全本地区领导体制，根据工作需要成立专家咨询组。

目前，大运河国家文化公园正在如火如荼的建设中，许多相关省市已探索出一套与地方条件相适宜的管理办法。

1. 淮安市大运河国家文化公园管理机构设置

淮安市成立由市委书记任大运河文化带建设工作领导小组组长，宣传部长任副组长的高规格领导小组，各相关部门以及大运河沿线县（区）主要负责人全面参与的推进机制。2020年3月，淮安市将里运河文化长廊规划建设管理办公室改名为大运河文化带规划建设管理办公室（以下简称"大运河办"），作为市级管理协调机构，正处级事业单位，现有编制44个，负责统筹协调、推动大运河国家文化公园建设。淮安市大运河办下设综合处、人事教育处、财务资产处、计划协调处、规划建设处、产业发展处、公共设施管理处、传承保护处、场馆管理中心和纪检组等多个部门。淮州文化集团股份有限公司改为淮安市文化旅游集团股份有限公司，作为市管一级企业，拓宽原有业务范围，作为大运河国家文化公园项目建设的重要载体，积极参与大运河文化带建设（图4-6）。

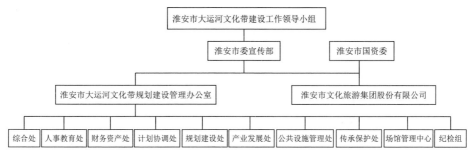

图4-6 淮安市大运河文化公园管理机构设置情况

2.沧州市大运河国家文化公园管理机构设置

河北省沧州市通过"组－室－院－中心－集团"组织体系，形成了"小组管统筹、办公室抓管理、院和中心做研究、集团搞建设"的完整组织体系。沧州市于2017年成立大运河文化带建设工作领导小组，由市委书记任组长，市长任第一副组长，市人大、市政协主要领导为副组长、沿线各县市区和市直相关部门主要负责同志为成员的沧州市大运河文化发展带建设领导小组，统筹大运河文化带建设。2018年12月，《沧州市机构改革方案》获得省委、省政府正式批复，沧州市大运河文化发展带建设办公室（以下简称"大运河办"）正式成立，该机构为市政府工作部门，正处级单位，由分管城建的副市长兼任大运河办主任，由分管城建的副秘书长兼任大运河办党组书记，专职统筹协调推进沧州市大运河文化保护传承利用工作。大运河办有机关行政编制20名，下设综合科、规划管理科、项目推进科和资产运营管理科四个科室，全面推进大运河文化保护传承利用相关工作，这种设置在全国尚属首例。沧州大运河文化带的智力支持，既包含2020年成立的隶属大运河办的大运河文化带研究院，也包括同年组建的大运河规划编制研究中心，主要依托沧州市规划设计研究院的规划人员，通过借调等方式，实现对大运河文化带规划编制的人才和技术支撑。2019年，沧州市成立大运河发展集团，属于正处级国企，和大运河办平级，主要负责大运河文化带的建设、运营、绿化等工作（图4-7）。

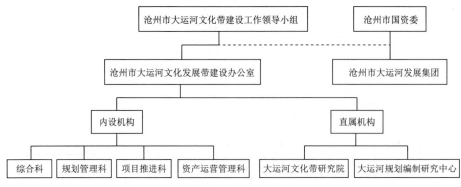

图4-7 沧州市大运河文化公园管理机构设置情况

第三节 资金制度

一、国外国家公园资金保障制度

国家公园资金模式的选择主要取决于所在国家的经济发展水平，也受到公园本身的资源条件、生态环境、人文历史和发展目标的影响。总体来说，国家公园的资金制度主要分为两类，一种是公共财政主导型，另一种则是市场主导型[①]。

1. 公共财政主导型

公共财政主导主要发生在部分高经济发展水平和高社会福利国家，如日本、德国、英国、瑞典、挪威和新西兰等。这些国家的国家公园具有较强的公益性，其管理运行所需资金基本来自国家财政拨款，并始终坚持无门票制度和低强度开发。美国、加拿大、澳大利亚以及欧盟部分成员国的国家公园，虽有一部分门票及市场化经营收入，但这部分收入多用来补偿国家公园所在地的原住居民，不用于支付国家公园的管理成本，其主要资金来源仍然是国家财政拨款。

德国：德国国家公园的全部资金由联邦政府提供，包括行政管理、监督、

---

① 王正早，贾悦雯，刘峥延，等.国家公园资金模式的国际经验及其对中国的启示［J］.生态经济，2019，35（09）：138-144.

基础设施维护、环境教育、监测和研究、交流等费用，工作人员工资、基本管理费用和管理评估费用纳入政府财政预算。除联邦政府拨款之外，国家公园还可接受社会资金捐赠。

新西兰：新西兰的国家公园运营资金来源主要包括财政拨款、基金项目和国际项目合作经费三个方面。新西兰有专门的财政预算投资用于国家公园生态管理和保护工作，是新西兰国家公园运营资金的主要来源。此外，政府还通过设立基金平台（如"国家森林遗产基金"Forest Heritage Fund）的方式吸纳民间资本参与国家公园的保护，同时调动公众关注和支持国家公园保护的积极性和主动性。同时，新西兰还通过广泛开展国际合作，筹集国家公园运行所需的资金。政府主导的筹资手段保证了资金来源的稳定性和公共性，也保证了国家公园的公益性。

美国：美国的国家公园基本上是非营利性的，其公园体系运营的资金来源以国会拨款为主，以国家公园的经营收入和捐赠资金为辅。美国联邦政府设有经常性的国家公园运营经费预算项目，且由联邦政府向国家公园管理局的拨款长期占国家公园管理局总经费的 70% 左右，此外联邦政府还通过采取以特许经营为主的方式扩大资金来源。在社会资本的利用与整合中，美国设立了国家公园基金会作为官方基金会，通过吸纳企业、科研机构、非政府组织和个人的慈善捐助，或者与他们建立有偿的合作关系，为国家公园管理工作提供资金支持。此外，门票收入也是美国国家公园收入的途径之一，但美国对国家公园严格限制门票的征收，大多国家公园免收门票，且现行的门票价格相当低廉。

澳大利亚：澳大利亚国家公园的资金来源主要有环境和能源部的财政拨款、各地动植物保护组织的募捐、销售商品或提供服务、基金利息等。在资金管理上实行收支两条线政策。联邦政府和州政府为国家公园保护其内部动植物资源和环境资源、开展科研工作、实施保护发展计划所需经费提供专款资助。开展生态旅游所得的资金不用于工作人员报酬，而是等同于国家拨款，由专门机构负责。

公共财政主导型的资金模式，不仅保证了国家公园运行中稳定、充足的资金来源，还使国家公园维持其国家主导性、公益性的性质，使其符合世界自然保护联盟（IUCN）对国家公园的定义。但该资金模式对国家的公共财政能力要求较高，对国家政治、经济稳定性的要求也较高。

2. 市场主导型

市场主导主要发生在部分经济相对落后、财政能力相对较弱的国家，如南非、巴西、坦桑尼亚。由于政府财政支持不足，这些国家的国家公园不得不采取自给自足的商业经营收益资金模式，其筹集资金的渠道包括：门票等准入费、开展娱乐项目和特色服务的经营收入、住宿交通的附加消费等。

南非：南非的国家公园对旅游相关项目面向社会进行招标，中标的企业向政府上缴特许费并开展经营，部分国家公园则通过政府与中标企业合作运营实现创收。门票等准入费是南非国家公园收入的重要来源，主要包括公园入口处的门票费和公园内部需付费参观区域的门票费两类。除门票准入费之外，部分国家公园内还设置了物种参观、山脉攀登、潜水、生态文化体验等本地特色的娱乐项目和导游等特色服务以增加收益，且其创收潜力往往远大于准入费创收潜力。

坦桑尼亚：坦桑尼亚国家公园以门票和住宿等旅游收入为主。1989年，坦桑尼亚政府削减了原来拨付国家公园管理机构的补助，要求其拓展自己的资金来源，以维持国家公园系统的运营成本。坦桑尼亚国家公园的捐赠收入约占投资总额的25%–30%，世界野生动物基金会（WWF），世界自然保护联盟（IUCN），世界银行（WB）以及国际货币基金组织（IMF）等国际组织的捐赠约占投资总额的17%。

市场主导型国家公园资金模式意味着要放弃国家公园的部分国家主导性和公益性，且用市场化的手段修建道路、住宿、餐饮等设施，不利于生态环境的保护和可持续发展目标的实现。但另一方面，市场化的创收方式占主导地位，对政府财政压力较小，多元化的开发形式能增强趣味性和游客体验感。

二、中国国家公园资金保障制度

1. 资金管理机构

我国国家公园实行的是差异化的资金管理模式，主要由国家公园管理委员会、地方政府和中央政府3个管理部门分管不同资金分配。在其协调配合中形成了3种不同模式，即行政特区型、事业单位型和统一管理型[①]。

行政特区型是指国家公园管理委员会拥有自然资源空间管理权和规划权，有权力对国家公园的公安执法、社区参与保护、公共服务和市场监管等进行内部建设和日常管理，而地方和中央政府一般以批复各种方案为主，较少干涉资金管理。

事业单位型是指国家公园管理委员会和地方政府合理分工，各自行使自身权力，国家公园管理委员会主要负责对国家公园内部建设行为进行监管和引导，而地方政府需要实行社会公共监管，并拥有最后的审批权。

统一管理型体现了分级管理是指国家公园管理委员会主要负责日常事务的管理，地方政府进行公安执法、社会、市场以及社区的管理，中央政府则拥有人事规划权和立法审批权。

2. 资金来源

《建立国家公园体制总体方案》（2017）中指出，我国国家公园建设应以政府财政投入为主，在确保国家公园生态保护和公益属性的前提下，探索多渠道多元化的投融资模式。中央政府直接行使全民所有自然资源资产所有权的国家公园支出由中央政府出资保障。委托省级政府代理行使全民所有自然资源资产所有权的国家公园支出由中央和省级政府根据事权划分分别出资保障。

我国国家公园的资金来源经历了不同的发展阶段。在我国国家公园发展初期即体制试点时期，其资金主要来源于本级政府财政拨款和上级政府专项资金；在中期发展阶段，随着特许经营机制的引入，市场资金逐渐流入；在成熟阶段，即国家公园建成后，其资金根据自身事权划分由中央财政和地方财政按比例承担[②]。总的来说，我国国家公园还是以政府投资为主。

3. 资金分配

《建立国家公园体制总体方案》（2017）中指出，我国国家公园实行收支两条线管理，各项收入上缴财政，各项支出由财政统筹安排，并负责统一接受企业、非政府组织、个人等社会捐赠资金，并对其进行有效管理。同时建立财务公开制度，确保国家公园各类资金使用公开透明。

---

①② 邱胜荣，赵晓迪，何友均，等.我国国家公园管理资金保障机制问题探讨［J］.世界林业研究，2020，33（03）：107-110.

我国国家公园的管理及工作人员工资、国家公园建设管理费和生态补偿费是3项主要运营支出。其中包括编制内和编制外人员的薪资、津贴以及社会福利、保护国家公园自然和文化资源核心项目费用、日常管理和维护费用、基础设施建设费用和宣传推广费用、国家公园自然资源调查巡护、公园内游客容量监测、环境修复、物种繁育、补偿周边居民和耕地使用者等各项支出。

三、大运河国家文化公园资金保障制度

目前，我国国家文化公园的建设还处于起步阶段，尚未形成完善的资金保障制度。但作为国家公园新的发展形式和理论延伸，国家文化公园在资金管理机构、资金来源和分配上都应与国家公园相似。

《长城、大运河、长征国家文化公园建设方案》（2019）中指出，中央应在政策、资金等方面为地方创造条件，中央财政应通过现有渠道予以必要补助并向西部地区适度倾斜，地方各级财政综合运用相关渠道，积极完善支持政策，引导社会资金发挥作用，激发市场主体活力，完善多元投入机制。

江苏省作为大运河国家文化公园重点建设区，于2018年宣布设立全国首支大运河文化旅游发展基金，首期规模达200亿元，并于2020年发行了全国首支大运河文化带建设专项债券，期限10年，利率2.88%，规模为23.34亿元，涉及江苏省大运河沿线11个市县的13个大运河文化带建设项目。此后，山东临清和天津也发行了大运河国家文化公园建设项目地方政府专项债券，为公园建设开辟了新的融资方式和渠道。

在大运河国家文化公园建设进度较快的杭州市，其市场化资金来源较为丰富。杭州市运河集团作为国有独资企业，承担起通过市场化运作，进行招商引资，吸引社会资金，为运河综合保护提供资金保障的责任，是运河综合保护的投融资主体。此外，2021年8月，杭州临平运河综合保护开发建设有限公司面向专业投资者非公开发行公司债券获上交所受理，拟发行金额15亿元，为市场化债券融资方式提供了参考。

第四节 管理体制现状

一、管理机构不稳定，管理效率较低

现有的大运河国家文化公园管理机构的设置主要以临时性机构为主，缺乏稳定的管理机构。许多城市对大运河国家文化公园的管理只是在原有管理机构的基础上建立大运河国家文化公园建设工作领导小组和办公室，少数省份设立了专班，但都属于临时机构。现有领导小组和办公室的构成人员多是在完成本职工作的同时兼理国家文化公园相关事务，尤其是一把手与办公室不属于同一机构现象的存在，导致权责划分混乱、管理不畅、效率不高。

二、各地各自为政，管理部门间统筹协调不足

大运河国家文化公园概念较新，且具有空间跨度大、权属复杂等特点，其保护管理涉及众多地区和部门，目前，尚未成立国家层面的大运河国家文化公园管理局，各地各自为政的现象普遍存在，导致不论是在大运河国家文化公园的保护还是利用开发上，都未形成统一的标准。在实际建设过程中，各部门统筹协调不够，存在着管理部门之间利益纠葛的问题。如河道水工设施属于水利部门，航道属于交通部门，非物质文化遗产属于文化部门，物质文化遗产属于文物部门等[①]。多头管理导致很多资源无法被充分利用，使大运河国家文化公园的建设效率大打折扣，也影响了运河文化遗产保护利用和文化公园的长远发展。

三、资金来源较为单一，市场资本参与度不够

在大运河国家文化公园建设的资金来源中，政府投资占主要地位，市场主体参与不足，投融资结构相对单一，多以银行贷款、专项债券等为主，创新型

---

① 王健，王明德，孙煜.大运河国家文化公园建设的理论与实践 [J].江南大学学报（人文社会科学版），2019，18（5）：42-52.

的投融资模式相对较少。国家文化公园是长期、浩大而持久的工程，需要有充分的资金支持，其中的文旅融合区、传统利用区等，更需要充分调动社会资源共同参与建设。但目前政府可投入、可引导的资金有限，基金股权投资又有诸多限定，加之国家文化公园项目多以公益为主，利益外溢，存在投资大、回报周期长、运营管控难等问题，因此难以募集长期低息社会资本参建^①。

四、法律建设尚不完善，缺乏专门性法规指引

大运河国家文化公园以线性文化遗产为载体，跨越众多具有不同的经济基础、资源环境、文化特征的区域，因此其管理更需法律的规范和引导。当前，大多地区参照《文物保护法》《大运河遗产保护条例》等对大运河国家文化公园进行管理。虽然已有多地陆续出台了大运河国家文化公园管理的相关法律法规，但诸如《国家文化公园法》等专门性的上位法尚未出台，使得现有法律法规在实际管理应用中仍存在局限性。

第五节　管理体制机制发展建议

管理体制建设是国家文化公园建设的前提。大运河国家文化公园在建设中，不断探索适合国情和各地发展情况的管理体制机制。

一、管理机构设置

1.设置权责分明的管理机构

建立统一的管理机构是世界各国管理国家公园普遍使用的方式，也符合我国行政管理体制设置的传统^②。目前我国已经设置了专门的国家公园管理机构——国家公园管理局。对于大运河国家文化公园，各相关省、市（区、县）已纷纷设立了大运河国家文化公园建设工作领导小组。我国的大运河国家文化

---

① 贺云翔.充分运用专项债券助力国家文化公园建设［EB/OL］.http://www.ce.cn/culture/gd/202103/04/t20210304_36356992.shtml，2021-03-04.

② 杨开华，许杨.国家公园管理体制的域外实践及借鉴［J］.光华法学，2015（1）：189-204.

公园建设宜采用国家、地区和公园三级垂直管理体系。从国家层面看，设立相关常设实体机构很有必要，如大运河国家文化公园管理局，或是大运河国家文化公园管委会，并提供人员编制，作为综合性统筹部门。在省级层面，应依照中央模式，设立有专门编制和固定人员的省级国家文化公园管理局、国家文化公园协调处，或实体化办公室，负责各省大运河国家文化公园的管理。市县级层面也应灵活设置管理机构，负责各市县大运河国家文化公园具体事务的管理。此外，各个大运河国家文化公园内部也应设立相应的管理机构，可参考美国经验，实行园长负责制，由园长承担公园日常的管理运营工作。

2. 设立科学统一的管理标准

在有了相应的管理机构以后，还需要设立一套科学统一的管理标准，合理划分事权关系，准确定位政府和国家文化公园管理机构的保护与管理职能。建议将大运河国家文化公园内现有的考古遗址公园、风景名胜区、历史文化名村、重点文物保护单位等多个类别统一为大运河国家文化公园一块牌子，并进行统一管理。管理机构应把工作重心放在资源的保护与合理利用上，充分发挥管理机构在资源保护和合理开发利用的规划、许可、执法监督和管理职能。另外，可以将大运河国家文化公园建设纳入对相关市县政府的目标考核指标，以确保各项工作能够取得实效。

3. 创新跨区域合作机制

大运河为线性文化遗产，涉及多个省份，严格的分区管理会导致大运河的保护和利用缺乏连贯性，因此应创新跨区域合作机制，协调各区域间的关系。可以通过推动建立具有准行政区权限的大运河国家文化公园发展区，突破行政边界制约，让沿线省市不仅共同参与到国家文化公园的建设与经营，而且能够优势互补，共同获益，形成网络化创新设计，实现大运河国家文化公园内部资源整理与利用最大化。

二、资金保障制度

1. 建立以政府投资为主导的多元化投资机制

大运河国家文化公园建设可按照"政府主导、市场运作、社会参与"的原则，构建多元化资金渠道。由于大运河国家文化公园的公益性和文化性，使得其建设中，应突出公益属性，更适合由中央和地方政府作为投资主体，如果其他资金占主体地位，很可能带有附加条件，使保护的目的难以实现。另外，许多大运河国家文化公园受自然条件、地理位置等限制，原有基础设施和公共服务并不完善，其建设和发展有赖于政府投资予以完善和引导。建议相关政府部门设置大运河国家文化公园专项资金，重点投向基础设施、公共服务建设以及重大标志性项目建设，并对经济欠发达省份予以资金倾斜。与此同时，应适度吸纳社会资本，吸引国企、民企、个体投资者等众多市场主体共同参与投资。这样不但可以降低国家公园的管理成本压力，还能充分激发公民参与国家管理的主人翁责任感，市场资本的流入也能增加大运河国家文化公园的活力。

2. 创新资金来源渠道

（1）创立大运河国家文化公园发展基金。建议大运河沿线各地打造大运河国家文化公园发展基金，省里设母基金，各区、市设立大运河国家文化公园发展子基金，以形成大运河国家文化公园可持续发展的资金机制。基金由省政府出资启动，吸引地方政府和社会资本进入，构建国家文化公园项目建设、产业投资、资源整合等多功能于一体的投融资平台，以政府资金撬动社会资本为大运河国家文化公园建设服务。

（2）加大专项债券创新力度。专项债券连接着地方政府和金融市场，可以充分调动和发挥出"有为政府"和"有效市场"的互动作用。品质优良、信誉度较高的专项债券必然会吸纳更多民间资本参与到大运河国家文化公园的建设项目之中，提高社会总投资水平[①]。因此，应提升大运河国家文化公园专项债券质量，加大专项债券创新力度，增加专项债券品种，将大运河国家文化公园重点建设项目、公共建设项目等纳入其中，积极引导社会资本投入。

（3）探索社会捐赠机制。社会捐赠是筹集资金的有效举措。广泛吸收企业、非政府组织、个人、公益机构等捐赠资金，不仅可以解决资金投入不足问题，还有利于弘扬我国团结友爱、互帮互助的优良传统，促进精神文明建设。可使用线上、线下等多种捐款形式，并完善监督机制，坚持公开、公正、

---

① 史锦华. 发挥专项债券独特优势 助力经济发展提质增效［J］. 人民周刊，2020（13）：76—77.

透明、高效的资金使用原则。同时可考虑利用数字技术，建设线上虚拟大运河国家文化公园，捐赠者和捐赠企业通过线上认领形式，形成大运河国家文化公园社会捐赠的数字化呈现形式，构建捐赠者与公园间的密切关系。如将社会捐赠者或机构的名字与数字化大运河的河道及相关文物相对应，让捐赠者可以特殊的形式建立与大运河国家文化公园文物资源的空间关联，同时又不破坏资源。

（4）探索特许经营制度。大运河国家文化公园的管理可以借鉴美国的特许经营制度，将公园经营权授予企业，政府机构负责监督特许经营者的经营活动，以严格的考核机制和奖惩机制保证特许经营者的服务质量。大运河国家文化公园的管理者应是相应管理机构的行政人员，不能参与国家公园的经营活动，其收入来源主要是政府提供的薪酬。这样既能保证国家公园的资源保护与公益性目标，又能避免公园经营者因过度追求经济利益造成的资源破坏和公众旅游成本过高等问题[①]。

3. 科学引导投资方向

对于大运河国家文化公园的投资建设，应树立科学的投资理念，加强政府宏观调控和政策支持，营造良好的投资环境，引导正确的投资方向，充分发挥社会投资的作用。在大运河国家文化公园建设规划的基础之上，可以建立大运河国家文化公园建设项目统筹评估委员会，对各地拟建设项目进行前期综合评估，评估各地大运河国家文化公园建设的重点和各自特色，避免同质性项目在各地的重复建设。对于管控保护区和核心展示区，重点引导资源保护性、文化和文物资源展示性、数字科技类项目的集聚；对于文旅融合区和传统利用区项目，引导功能互补性、品牌性项目的空间集聚，使大运河国家文化公园的功能分区更加合理，特色更加凸显。

三、法律法规建设

建议制定《国家文化公园法》，形成专门性、完整的法律体系，使国家文化公园管理有法可依。并在尽快出台《国家文化公园法》的基础上，进一步制

---

① 杨开华，许杨.国家公园管理体制的域外实践及借鉴［J］.光华法学，2015（1）：189—204.

定大运河国家文化公园管理条例，明确大运河国家文化公园的边界、管理部门的权责、资源保护要求等内容。各地区应以上位法为基准，结合自身的资源情况和发展现状，探索性地制定适合本地实际的法律、法规、条例等，为大运河国家文化公园建设提供法律保障。

第五章　大运河国家文化公园的利用制度

第一节　理论基础

一、人地关系

人地关系是指人类活动与资源环境之间形成的相互关系。人地关系是人类活动与地理环境两者之间相互联系、相互影响和作用而构成的一种动态结构关系。

旅游地人地关系是由地理环境和旅游活动两个子系统交错构成的复杂的、开放的系统，内部具有一定的结构和功能机制[①]。它们的互动作用主要表现在：人对地的作用是人类系统的各种社会、经济活动通过直接利用、改造利用和适应三个层次对自然资源、环境系统产生的影响；地对人的作用是地理环境影响着人类的地域特征及旅游地社会经济活动，表现在地理环境对旅游活动有不以人的意志为转移的固有的正面或负面的影响，同时旅游活动对环境系统也具有正效应或负效应的反馈作用。

随着人口数量的不断增长和城市化、工业化的快速推进，世界各国的发展也越来越受到资源环境的约束，公众的资源环境需求越来越接近甚至超过了资源环境承载能力。人地关系和谐成为了全球共识。旅游地是人类旅游活动的空间载体，旅游地可持续发展要求旅游活动与地理环境和谐统一，协调和平衡彼

---

① 何小芊.旅游地人地关系协调与可持续发展［J］.社会科学家，2011（6）：74-77.

此之间的关系。旅游地旅游活动的主体包括旅游者、旅游企业、政府部门以及当地居民等，旅游地人地关系的具体体现就是旅游活动主体的行为活动与旅游地环境之间的相互作用和影响。人地关系是人类活动系统与地理环境系统间的相互作用，人地关系协调的本质是妥善解决社会总需求与环境承载力之间的矛盾。协调国家文化公园的人地关系，应从因地制宜、分步开展土地确权和流转，建立长效补偿机制，建立试点区与社区共建共享机制等方面展开[①]。

二、可持续发展

可持续发展是实现人地关系和谐之道。人地关系是持续发展的理论基础；持续发展的前提是人地关系的协调；人地关系协调的最终目标是可持续发展。可持续发展是人类寻求与生态环境和谐共存的一种生存发展模式，其实质表现为公平性、持续性和共同性，要求人类活动与社会、文化、经济、技术及自然环境和谐统一，包括在全球范围内实现自然资源与生态环境、经济产业、社会发展的三个层面上的可持续发展。旅游可持续发展必须以优化人地关系为基础，旅游可持续发展是旅游发展的目标和必由之路。

当代社会，旅游可持续发展已成为全球共同追求的目标，实现国家文化公园游客—社区—资源保护之间关系的协调和平衡，实现国家文化公园的旅游可持续发展，是为游客提供高质量旅游产品和旅游体验的一个前提，也是实现国家或者地区旅游经济社会可持续发展的重要支撑。

三、公共管理

公共管理是指以政府行政组织为核心的公共部门整合社会的各种力量，为适应社会经济的发展和满足公众的要求，运用政治的、经济的、法律的、管理的方法，对涉及社会公众利益的各种公共事务所实施的有效管理。公共管理以社会的共同利益为目标，旨在提高社会成员的生活质量和公共服务品质，改善民生福利和实现公共利益。[②]

---

① 方言，吴静.中国国家公园的土地权属与人地关系研究［J］.旅游科学，2017（3）：14-22.
② 程绍文.国家公园：中英管理制度、社区参与和旅游可持续发展的比较［M］.上海交通大学出版社，2013.

国家文化公园及其旅游产品具有公益性，本质上来说是一种准公共产品。通过有效的国家文化公园旅游管理，保护其资源价值，使国家文化公园的服务效益和教育娱乐价值最大化。加强国家文化公园的管理，保护文化资源，发挥国家文化公园的公益性，有助于提高国民福祉，增强大众对文化的认同，提升文化自信。

第二节　基本原则

建设大运河国家文化公园，不能照搬国外模式，也没有先例可循，各省市地区应合理统筹规划，重点以保护、传承和弘扬大运河的文化资源、文化精神或价值观为主要目的，按照"河为线，城为珠，线串珠，珠带面"的整体思路，以大运河文化的保护、传承和利用为根基，以大运河文化带为主要抓手，推动公共文化服务体系示范区和文化创意产业引领区建设。各省市地区在保护传承和利用大运河国家文化公园的过程中，应以深厚的大运河文化内涵作为区域协同发展的空间载体和文化纽带，发挥"优秀样板"的引领示范和带动作用，整合蕴含中华文化的深刻内涵和具有重要意义、突出影响的国家代表性、经典性的文化资源，丰富优质国家文化产品服务供给，实现爱国主义教育、保护传承利用、文化交流、公共服务、休闲娱乐、旅游观光、科研实践等功能，讲好大运河文化故事，扩大和引导公共文化消费，形成具有特定开放空间的公共文化载体，增进人民的文化福祉。

一、强化顶层设计

国家文化公园的建设具有投入大、周期长的特点，大运河涉及省份众多，以线性带状形式分布于多个省、市、地区，所跨区域巨大，沿线社会经济发展水平相差巨大，文化公园建设水平参差不齐，很难全部同时展开建设，应分区域协调推进建设规划。

建设大运河国家文化公园，要以习近平新时代中国特色社会主义思想为指导，全面贯彻党的十九大精神，强化顶层设计、跨区域统筹协调，坚持保护优先，注重文化传承，突出大运河文化属性和综合功能，多渠道、系统性传承大运河优秀传统文化，丰富人民群众的精神文化生活。

大运河国家文化公园的全局规划应该对标国家顶层公园建制，坚持国家利益第一，展现国家形象，彰显中华文明。具体而言，要强化总体设计，突出大运河文化的活化传承和合理利用，强调跨区域的统筹规划，创新文化公园利用模式，促进大运河优质文化资源的整体开发。通过国家层面定位，省域规划对接，城市规划落地，以大运河文物和文化资源保护传承利用为引领，优化城乡文化资源配置，打造大运河璀璨文化带、绿色生态带、缤纷旅游带，全方位展现大运河文化的深厚内涵、文化价值和鲜明特色，统筹协调大运河沿线地区的社会和经济发展，形成区域文化经济发展新模式，资源共享、优势互补、合作共赢、共谋发展、惠益全民，打造高质量文化建设的鲜明标志和闪亮名片。

二、兼顾整体与特色

首先从宏观层面认识与挖掘整体的共性及沿线各地的差异，解读它们背后的核心价值，形成一个时空连续又内在丰富的文化生态系统。其中关键要处理好整体性展示与特色性体现的关系。大运河时空跨度长，地域面积广，蕴含着极其丰富的文化遗产，历史价值高，承载着中华民族的智慧，彰显出独特的人文精神，是国家文化形象标识中的重要组成部分。沿线各省市对大运河国家文化公园的保护传承利用应从体现国家水准和展示国家形象出发，各省市应紧紧围绕大运河文化资源的优势和特点，加强整体谋划，从总体规划上要体现出国家文化形象和兼顾带状文化产业的整体性，又要考虑省际差异性和塑造区域个性，以文化为引领推动区域协同共进发展，打造大运河成为中华文化的重要标志。

其次充分考虑运河沿线的地域广泛性、文化多样性和资源差异性，有选择有重点地推进建设时序。优先选择运河沿线文化底蕴突出、文化积淀深厚、遗存内容丰富、价值特色鲜明、文化影响重大的地区开展建设，坚持规划先行、系统谋划、有序推进。同时发挥文物和文化资源综合效应，注重区域合作和部门协调，构建不同功能不同特色的运河文化廊道或文化产业园区，形成协同发展、跨专业领域合作的态势，避免同质化的竞争，实现区域之间的协同发展。

最后处理好大运河沿线营利性景区与非营利性公园间的关系，建立大运河国家文化公园的非营利机制和市场化机制并行的"一园两制"模式[①]，积极打造优秀样板，发挥示范引领和辐射带动作用，探索可借鉴、可复制、可推广的成果经验，从而实现大运河文化由点及线、由线及面地有序推进和全方位文化基因传承。

三、构建多元利用体系

大运河文化的传承利用，要贯彻文化引领，保护第一的理念，突出保护文化遗产历史的客观性和风貌的完整性。在无损资源的基础上，进行传承和利用，贯彻在保护中传承利用，在传承利用中创新发展的基本原则，依托现代科技手段，注重创新设计，突出创造利用，倡导和鼓励运河沿线文化创意产业发展，提高展示方式的多样性和交互性，增强展示设计的感染力和参与的趣味性，立体、多维地呈现大运河的深厚文化积淀和内涵，打造大运河国家文化公园形象，增强国民的文化认同感。

大运河文化的传承利用，要挖掘运河沿线丰厚的文化遗产资源，大力传承和弘扬大运河精神的文化价值和时代精神，借鉴新型传播手段，构建运河文化多元展示体系[②]。结合当地大运河文化资源，科学规划文化旅游产品，对优质文化旅游资源推进一体化开发，培育一批旅游精品线路，建设一批彰显历史文脉传承、价值理念和鲜明特色的城镇、乡村，打造与运河共生城镇聚落集中展示区，开拓创新利用体系，实现文脉传承与公共服务并举。借助"千年运河"旅游品牌，整体谋划大运河沿线文化产业布局，建设国家全域旅游示范区和旅游示范城市。依托国家和省市的整体布局，打造一批大运河文旅示范区和古今水利科技文化体验区，培育一批有竞争力的文旅企业，弘扬大运河的历史文化价值，阐述城市与运河相伴相生的文脉记忆，展现中国运河城市的独特魅力。

---

① 邹统钎，刘柳杉，陈欣.凝练大运河文化构建流动的国家精神家园——对大运河国家文化建设的思考［N］.中国旅游报，2019-12-24.
② 张玉枚.大运河文化保护、传承和利用研究——以镇江段为例［J］.经济研究导刊，2021（7）：52-54.

第三节　利用路径

建设大运河国家文化公园，是优化大运河沿线省市文化产业空间布局、增强其文化新业态核心竞争力的难得机遇。根据习近平总书记关于大运河国家文化公园建设的重要讲话和批示精神，保护好、传承好、利用好大运河文化资源，是大运河文化带沿线 8 省市的共同责任。大运河文化具备文化特征分布的区域集中性、文化要素内涵的丰富多样性、文化价值转化方式的多元性三大特征[①]。大运河文化涵盖了京津、燕赵、齐鲁、中原、淮扬、吴越六大地域文化，特色鲜明、集中度高，与大运河实体形成了多重文化展示空间。大运河遗产包括物质文化遗产、非物质文化遗产以及大运河背景环境等丰富多样的遗产类型。其中以"物"为基础的大运河沿线遗存，包括沿线的文化遗存、运河附属遗存、水工遗存及其他关联遗存等可见载体；以"人"为基础的大运河文化内涵，主要表现为各类非物质文化遗产、传统习俗以及大运河文化精神的历史记忆、文化精髓和时代价值。同时，立足大运河文化内涵，基于创意和科技，可大力发展与大运河文化相关联的创意设计服务、文化艺术服务、文化休闲娱乐服务等特色文化产业，积极探索和拓展大运河文化价值转化的多种方式，扩大大运河的影响力。

一、推进大运河"文化 +"融合发展模式

在文化引领创新发展的时代，大运河作为世界文化遗产，应充分利用大运河"文化 +"的优势，深化相关产业融合、传承创新利用，实现与沿线各地区遗产资源的优势互补、相互支撑和融合发展。

1. "文化 + 旅游"，让文化活起来

文旅融合是大运河国家文化公园活化利用资源的重要路径。大运河沿线拥有种类多样的文化旅游资源以及数量众多的非物质文化遗产，这为沿线各地旅

---

　① 孙静，王佳宁.大运河文化带文化产业发展的省际比较与提升路径［J］.财经问题研究，2020（7）：50–59。

游业的发展提供了非常有利的条件。在保护传承各类文化遗产资源的同时，要积极促进文物资源、文化遗产和非物质文化的活化利用，加强与旅游业的融合发展，促进历史文化保护与现代城市功能的有机统一。大运河文化资源的活化利用，要在不影响重要文物和文化资源保护的前提下，系统梳理大运河文化脉络，提炼核心文化元素，结合当地实际和比较优势，在大运河历史文化遗存的保护利用中，打造有衍生价值的文旅项目，将历史文化生动地融入城市发展和生活当中。通过培育文化和旅游融合新业态、新产品，策划、设计和打造文化旅游、乡村旅游、研学旅游、红色旅游、生态旅游等运河精品旅游线路和非遗主题精品线路，推进华夏历史文明体验游，积极扶持文化创意产品开发，创新文化演出类项目，加快培育数字文旅新型业态，在沿线建设集传承、体验、旅游功能于一体的非遗传承体验设施，推动旅游演艺、特色民宿等高质量发展，塑造优质的运河沿岸城市形象，培育文旅融合精品线路和系列品牌，打造运河城市、运河旅游、运河产品、运河节庆等品牌体系。通过文旅融合的新成果，深入、多维传播、传承、活化文化遗产，让文化资源和文化遗产焕发新的活力。

（1）打造运河精品旅游线路。把握大运河文化遗产的活态特征，在区域联动、组团发展、一体营销上下功夫，确立跨领域合作、协同发展的思路，集成沿河古城镇、古村落、古街区、古渡口、古寺庙、古桥梁、老店铺、名人遗迹、老厂区等物质文化遗产，丰富多彩的传说故事、艺术形式、民俗风情等非物质文化资源以及街市繁华景象、市民生活习俗等优质旅游资源，丰富运河文旅产品供给，深度运用互联网思维，将大运河沿线旅游景点"串珠成线"，打造文化遗产精品旅游项目，构建文化观光类、科普研学类、休闲体验类等类型多样、体验性强的运河旅游产品体系。例如枣庄在运河文化带的建设中，助力构建区域旅游发展大格局，积极推进与济宁、聊城、徐州等周边运河沿线的旅游城市和地区深度对接，将运河文化与旅游发展融合和贯通，以点串线，打造精品大运河文化带和旅游度假休闲产品，建立宣传互动、市场互换机制。持续推进京杭大运河城市联盟、淮海经济区域和京沪高铁旅游联盟的区域旅游协同态势，创新营销模式、拓展营销市场，达到战略共赢、互惠发展[①]。

（2）完善文化旅游产品供给。以大运河历史文化积淀为文脉依托，扎实做好文旅深度融合大文章，坚持内创外引双措并举，培育运河旅游、体闲旅游、红色旅游、农业旅游、工业旅游、研学旅游等新业态，加强大运河博物馆、考古遗址公园和特色小镇等的建设，打造大运河文化旅游品牌，提升大运河国家文化公园的影响力。

构建立体式文化旅游产品体系。结合运河文化底蕴深厚、江河湖泊水网密集、古镇古桥古埠古道众多的特点，以水网为纽带，配套不同规模等级的旅游设施，相互连接并建设提升沿线各类景点景区，丰富运河水上旅游业态，打造以水上运河为支撑的水乡生态文化旅游网，构建立体式文化旅游产品体系。浙江杭州开辟运河水上旅游线，将物质文化遗产、非遗文化、人文景观的历史遗存串珠成链，并打造"运河灯光夜景带"，延伸运河沿线亮灯工程，策划建设运河灯光秀等运河标志性文化景观，构建运河城市夜景地标。江苏苏州以"水韵古城"和"江南水乡古镇"为两线，打造"运河十景"，以点带面形成旅游网络，让游客品味苏州"经济强、水域富、人文美、颜值高"的城市文化品质。

建立以博物馆为核心的大运河文化展示和传播体系。博物馆是当前大运河文物保护利用和文化遗产保护传承的主要载体和形式。博物馆以大运河历史变迁为时间轴，重点展示运河文物以及相关文献资料，全面呈现大运河文化沿线经济、社会、自然、生态和民生的基本情况，普及性介绍大运河流域多民族的历史地理、水利漕运、文学艺术、风土人情、生活习俗等相关文化和知识，并结合公共教育活动进行大运河文化的宣传推广工作[②]。其中，既包括中国京杭大运河博物馆、中国运河文化博物馆、中国隋唐大运河博物馆等综合性博物馆，也包括中国淮扬菜博物馆、扬州盐运文化展示馆、杭州中国扇博物馆、苏州丝绸博物馆等专题性博物馆。无锡古运河历史文化街区就是一个浓缩的"运河活态博物馆"。通过对运河畔的各种工业遗迹、遗存进行不断整合，建设开发了一批很有特色的博物馆、文创园区、艺术馆，展现无锡民族工商业的发展

---

① 韩笑."台儿庄古城模式"——枣庄运河文化带建设的探索与实践 [J].枣庄学院学报，2020（4）：24–30.

② 范周，言唱.大运河文化活化利用的协同创新网络构建研究 [J].同济大学学报（社会科学版），2020（1）：29–39.

历程：将原来的米市仓库改建为"周怀民藏画馆"，将塑料厂厂房改建为"何振梁与奥林匹克陈列馆"、将茂新面粉厂改建为"中国民族工商业博物馆"，将蚕丝仓库改造为"中国丝业博物馆"，将春雷造船厂旧址改造为"中国乡镇企业博物馆"[①]。无锡"活态博物馆"的建立，涵盖了江南民俗文化、水弄堂文化、民族工商业文化、宗教文化和古建筑景观文化等多种形态的历史文化遗存，重现了"脚下青石路，头顶一线天"的"水弄堂"奇特格局，生动诠释了无锡的城市历史文脉和人文精粹。

促进运河遗产资源活化利用。深度挖掘整合运河历史文化资源和生态资源，积极推进具有市场潜力的遗产资源与产业相结合，促进遗产资源在文化产业中的创造性转化。作为一种城市历史地段保护与更新的方法，强调运河遗产保护、城市更新、社区参与、社区文化认同、旅游发展之间关系的有序协调，注重对物质遗产、非物质遗产进行原真保存[②]。依照不同的大运河遗产类型，通过空间改造、功能转型、创新创意等活化利用方式，在加强遗产保护的基础上，努力使分布在大运河沿线的大量水工遗存、漕运遗迹、建筑遗址、革命文物、工业遗存、农业遗产等历史文化遗存重获"新生"。例如以水工遗存、漕运遗迹等重要大运河文物等各类文化遗产为基础，以大运河的历史脉络、科技发展和人文生态为主线，构建大运河国家记忆体系，建立大运河考古遗址公园、专题博物馆，打造文物遗产和非物质文化遗产体验展和体验店，扩大大运河文化遗产价值、文化价值的传播力和影响力，实现遗产保护、公共服务、文化教育、休闲观光、科学研究等多重功能的有机结合。安徽宿州大运河遗址公园在项目设计中挖掘了历史中宿州的生长脉络，在对城市、对传统文化的理解之上，通过区域开发让地下尘封的历史遗迹以新的形式展现在人们眼前，不仅成为了宿州的一种文化标志，而且以充满时代活力与深厚古韵的姿态，重塑了城市传统文化风貌。杭州手工艺活态馆注重活化呈现，强化运河传统文化保护传承，以弘扬中国传统文化，传承和发展手工技艺为宗旨进行建设。馆内一共展示了20项非遗手工艺，集互动教学、非遗手工体验、民间技艺表演为一体，是浙江省最大手工体验基地和"非遗"文化体验馆。

---

① 高慧超 . 江苏大运河文化保护、传承和利用研究，https://www.xzbu.com/1/view-15304293.htm.
② 刘庆余 . 大运河国家文化公园遗产活态保护与利用模式［N］. 中国社会科学报，2020-11-20.

打造运河文化风情特色小镇。立足大运河沿线文化遗产、历史街区及景观生态条件，根据区域资源禀赋差异，因地制宜，重点开发与大运河相关的专题区域旅游，着力打造彰显历史文化、感受民俗风情、体验手工技艺和观赏生态景观的运河文化旅游风情主题小镇，如艺术村、影视小镇、体育小镇、农业休闲小镇、康养小镇等，让游客领略大运河沿线历史文化的独特魅力。扬州邵伯镇作为大运河沿线遗产点最多的古镇，通过对古镇内的古桥、古码头、古闸口、古宅以及众多的文物古迹的保护利用，结合历史文化资源禀赋，整体营造运河聚落，通过建设水工展示馆、陈捷先人文馆、运河文化生态公园、民俗演艺广场、"谢安"主题文化广场和明清运河故道，并发展创新《邵伯锣鼓小牌子》、省级非遗《邵伯秧号子》等非物质文化遗产的传承方式，通过多角度全方位解读运河文化，保护运河古镇历史风貌，提升非遗展示空间，呈现出一个多维度展现的多元且时尚的运河堤岸风光带。山东德州武城县四女古镇，是一个有着"孝道之乡""北方都江堰"等美誉的千年运河古镇，其利用丰富的田园风光、水系风貌资源，秉承着"以史为根、以文为魂、以河为脉、以湖为韵、以树为景、以孝为先"的设计理念，依托古镇的运河文化、水工文化、儒家文化、礼孝文化、佛教文化等特色文化底蕴因素，融合古今文明，打造集水工游乐、田园度假、文化体验、湿地休闲、温泉养生于一体的特色小镇。

利用大运河文化资源发展研学旅行。依托运河沿线特色产业、文化资源、历史底蕴等因素，抓住政策机遇汇聚众力打造引话题、强体验、有影响、价值高的研学旅游品牌，利用运河沿线特色小镇、历史文化街区、文创园、博物馆、非遗体验馆等开展传统文化体验、传习、讲座、培训等活动，积极创建大运河文化研学基地，从资源（resource）、课程（course）、体验（experience）、人才（talent）和宣传营销（marketing）5 个方面实施大运河国家文化公园研学旅游发展的"RCETM"策略[①]。大运河国家文化公园研学旅行发展要注重保护与开发并举，立足终身教育过程中各年龄段人群的需求特点，针对历史文化资源的不同特性，设计多样化差异性的研学旅游产品和方案，制定主题鲜明、多

---

① 李玮.大运河国家文化公园研学旅游发展初探——以江苏段为例［J］.科技创业月刊，2020（7）：52-55.

元丰富，兼具知识性和趣味性的研学旅游课程体系，运用创新理念活化文化旅游资源，提升广大公众对大运河文化的认知度和认同感，同时加强对研学旅游专业人才培养和品牌市场营销，积极推动千年运河文化长流与公众的共鸣，为大运河国家文化公园可持续利用与发展提供不竭动力。

2."文化＋创意"，打造"创新运河"

（1）开拓运河文化创意项目。加快创意设计、文化信息服务等文化创意产业的发展，萃取大运河文化特质和创新载体，创新发展工艺美术、创意设计、文化娱乐、文博旅游、休闲娱乐、广播电视等文化产业，推动文化产业与旅游、科技、体育、农业、工业等相关产业深度融合，打造运河文化创意产业聚集区，助力区域经济高质量发展，在提升传统和深化创新中培育新的文化消费市场，打造生机勃勃的"创新运河"。

江苏省在推进运河文化创意和相关产业融合发展进程中，制定了《大运河江苏段文化产业带建设五年行动计划》，明确了大运河文化产业的发展空间和方向。以千年运河文脉为主轴，充分运用旅游娱乐、文创文博、生态农业、动漫游戏、文学艺术、体育休闲、影视演出等产业形态，推动运河文化创造性转化、创新性发展，加强运河特色文化产品建设和推广，提升文化创意和设计服务水平，推动跨界、跨省、跨市融合，协同打造大运河文化国际品牌，建设国内领先、国际知名的大运河文化旅游、文化创意产业带[①]。

（2）建设运河文创发展平台。利用运河沿线进行产业重塑的发展机会，将大运河文化创意设计元素赋能老园区的改造、激发产业活力，通过采取规范园区管理体制、优化商业模式、完善产业链、构建创意生态系统和强化公共文化服务体系等一系列推动老园区提质升级的措施，努力打造汇聚青创、艺术、设计、商业、旅游等元素的文创综合性平台。鼓励运河沿线各社区、各街道系统梳理和深入挖掘当地的历史文化资源，利用工业遗存及部分留用土地来新建带有记忆性元素的全新文创园区，带动老厂区、老街区涅槃重生，打造文化消费升级新空间。在此基础上集中打造具有运河风情、国际水准特色的创意精品园区，形成新的特色产业带，树立运河文化创意品牌，为运河文化发展增添新动

---

① 贺云翱.建设大运河文化带江苏段样板［J］.群众，2017（19）：65-66.

能①。杭州积极建设大运河 1986 文创园、信联文创园、元谷尚堂园、运河时尚发布中心、运河文化艺术中心、祥符桥历史文化街区、运河湾历史文化街区、运河天地文化创意园等园区，将各园区联结成线，形成运河文化地标类建筑，在统筹挖掘依托运河文化资源基础上，将运河文化融合到设计服务、数字娱乐、现代传媒、动漫影视、信息服务等新业态中，彰显历史和现实交汇的独特韵味，构建独具运河特色的文化生产力高度集聚的文化创意产业群，打造创新产业引擎，使文创园区成为承接文创产业外溢的重要平台。常州利用运河沿岸的工业遗存打造出"运河 5 号"创意街区，青果巷结合"青果诗会""朝花熙市"等品牌活动，在传承书香盈巷氛围的基础上，注入文艺展演、时尚体验、夜市经济等现代潮流模式，打造出一条历史文化旅游街区。这些举措使众多的运河遗产在合理地保护利用下再现生机，成为符合时代顺应潮流的常州文化新码头。

（3）打造大运河文化 IP。大运河文化是中华民族的标志性文化符号，它承载着历史连接着未来，蕴藏着中华民族悠远绵长的文化基因和历久弥新的精神力量。依托文化产品创意，打造大运河文化 IP，创新大运河文化传承利用方式，让大运河文化流淌起来，让承载民族记忆的文化遗产融入当代生活并得以活态传承。围绕大运河及运河沿线文化，以文化遗产保护利用为抓手，开发与丰富文化创意衍生品、加强文创产品的营销推广，倡导大运河文化创意衍生品打造精品，推进博大深厚的大运河文化创造性转化创新性发展，让"大运河"活在有灵魂的文创产品中并融入生活美学②，有助于推动大运河文化带文化遗产再现新活力，融入当代美好生活。

3. "文化+科技"，发展新型文化业态

（1）发展数字创意产业等新型文化业态。完整的产业链、丰富的原创性、体验的多元化，是现代文化创意产业发展的重要特征。大运河国家文化公园的建设，应加强文创产业与高科技的融合，利用技术革新，推动大运河文化与互联网、大数据、人工智能、VR 等高新科技深度融合，实施数字化战略，大力

---

① 徐颖.大运河文化带杭州段建设路径与对策研究［D］.杭州师范大学，2019.

② 孙静，王佳宁.大运河文化带文化产业发展的省际比较与提升路径［J］.财经问题研究，2020（7）：50-59.

发展数字创意产业等新型文化业态。同时，在"互联网＋"的网络新思维的指引下，实施"文化＋互联网"行动计划，将互联网的创新成果深度融合于文化产业的生产、存储、传播以及消费过程，依托互联网创新商业模式，推进传统文化产业的转型升级。

（2）提高运河文化遗产数字化监管、展示水平。通过云计算和大数据，注重历史真实性和遗产原真性，利用人工智能、3D仿真技术和虚拟现实等众多现代化的科技手段，加强运河沿线遗产范围、线型格局及重要遗产点展示。加快发展数字媒体、数字出版、网络试听等拥有高技术含量的新业态，构建多维展示格局、健全综合展示体系、丰富展示体验方式，多维度、全方位、立体化地展示遗产生动的原貌，提高运河文化资源的展出率和效果，借助 AR、VR、AI 技术增强参观者对文化资源和文化遗产的深度了解、感知和体验，采用"科技＋艺术＋文化"的多样化手段，提炼运河文化抽象化、符号化的元素，让观众在极具视觉冲击力的空间中沉浸式体验运河文化。杭州积极创新"互联网＋文化遗产"展示模式，建设数字博物馆，充分利用新一代博物馆虚拟现实展示技术、人机交互体验技术等现代科技手段，提升杭州京杭大运河博物馆等场馆大运河文化遗产展陈水平。江苏省基于 GIS、3D、大数据、虚拟现实、人工智能等现代信息技术，建设大运河国家文化公园数字云平台，构建集管理监测、文化研究、展示传播、学习教育、休闲娱乐等一体化服务平台。该平台包括大运河文旅对客户服务端、大运河数字博物馆群、大运河文化 IP 集研发和交易、大运河线上文化艺术展陈、大运河非遗数字化展示和利用、大运河研学、大运河美食、大运河文化短视频聚合展示、大运河文旅企业的数智化赋能、大运河线下服务体系的标准化管理 10 个方面的应用体系①。

二、延长运河文化产业链

构建以"大运河文化"为主题的文化产业链，需要在规划当地文化产业战略布局、推动文化企业兼并重组与改革创新的基础上，培育龙头骨干企业，发展中小企业，实现重点企业、上下游相关配套企业协同发展，调整产业链结

---

① 数字运河 邀您共建 | 江苏省文投集团发布重磅征集令,https://www.sohu.com/a/444180631_467197.

构、优化产业链布局和壮大文化产业链规模。

在内容上依托大运河的核心文化要素，加快培育文旅新型业态，开发新题材、新类型文旅产品与服务，丰富优质文旅产品供给；在产业布局上，充分调动和发挥沿线城市的积极性，激活各类市场要素，在培育产品与服务设计研发的创意主体的同时，还要丰富市场主体构成，壮大文旅业务、互联网产品开发、推广营销等市场主体力量，夯实产业融合基础和动能，科学合理设计和规划大运河经济带的空间布局和业态布局，不断提升产业竞争力。通过组建文化设计、技术制造、传播推广等上下游企业参与的联盟，推动从"泛娱乐"到"新文创"的大运河文化产业链，实现文化产品与内容的创新，促进出版、设计、影视、康养、旅游、体育、音乐、信息、科创等各类经济业态和文化创意企业的内涵式发展，从而形成一个以"大运河"为主题的完整生态闭环①。

三、创新大运河国家文化公园营销渠道

1.搭建运河文化国际交流平台

充分发挥大运河重要节点城市对外连接和窗口作用，推动运河文化走向全国走向世界，力争在全世界传承和弘扬中华优秀传统文化。建立大运河沿线各省市联动机制，发挥地区优势和文化优势，共同开展大运河国家文化公园的宣传推介，将运河精神弘扬到国外，推动全域项目合作、政策联动、区域协同，打造一批运河文化展示园和运河文化精品，积极参加世界运河大会、世界运河城市论坛等国际会议，构建形成全方位、多层次、宽领域的运河文化"走出去"格局。

杭州市在加强运河文化国际交流方面，积极搭建平台，整合各类社会资源，鼓励和支持文创企业积极参加海外文化活动，进行现当代艺术、文化创意、广播影视、出版发行、工艺设计、数字传媒、动漫制作、休闲娱乐等方面的对外交流，积极拓展海外市场，提升运河文化格局影响力，将大运河建设成为传播中华优秀文化的前沿窗口。南浔古镇积极探索国际化交流合作道路。如打造运河文化传播平台，推出一批运河文化国际合作研究项目，积极与"一带

---

① 孙静、王佳宁.大运河文化带文化产业发展的省际比较与提升路径［J］.财经问题研究，2020（7）：50-59.

一路"沿线国家和地区开展经贸、文化合作交流，提高宣传力度。实施文物保护、非遗保护传承等国际交流培训计划，促进世界各国经验交流，培养国际运河文化艺术交流志愿者。注重借力活动营销，利用世界互联网大会、世界浙商大会、中国浙江国际投资贸易洽谈会等重大活动，加强南浔古镇运河文化交流合作和宣传推广，打造大运河文化 IP，擦亮南浔古镇"金名片"①。

2. 讲好讲活运河文化故事

充分挖掘大运河文化内涵和艺术资源，加大主题艺术创作力度，利用互联网平台，建设大运河国家文化公园 App、微信公众号、专题网站等，完善日常性运河文化宣传推介体系；强化大运河文化文艺精品的传播与推广，创新文艺作品和精品的创作机制和创作规划，积极推进各类文艺作品的内容和形式创新。注重舞台艺术、影视剧、纪录片、网络文艺等各类艺术作品的创作，积极探索艺术作品在传统与现代、继承与创新中的融合发展。同时，充分利用现代传媒手段，整合资源，借助博物馆、图书馆、文化馆、传习所、非遗展示馆等场地，系统整理大运河现有的小说散文、音乐戏曲、书法美术、诗词楹联、宗教文化、民间故事传说等文化经典，多形式多渠道地开展大运河专题推介、展演、展播和展映等宣传展示活动。

例如山东京剧院推出思想性和艺术性相统一的艺术精品京剧版《大运河》；安徽宿州倾力打造的大型原创梆子戏《风涌大运河》则用非遗讲非遗故事，颂扬了中华民族勤劳刻苦、坚韧自强的不朽精神，以历史正剧的形态登台长安大戏院；杭州歌舞剧院创作的大运河文化遗产传播剧《遇见大运河》，展示了运河文化的灿烂，力求用文化遗产这一世界语言讲好中国故事，创意独特，制作精良，不仅艺术地展现了大运河的历史风貌，而且强烈地表达了对传承、保护文化遗产的现实思考，承载了文化遗产传播的社会功能，搭建起东西方交流沟通的桥梁。这些创作不是简单的舞台剧，而是立足于深远博大的千年运河历史文化，通过采风、展览、座谈、行为艺术等多样化手段诠释和再现运河文化，实现了在巡演过程中，借助创作和演出达到了系列化的特色鲜明的运河文化遗

---

① 杨长海.大运河文化保护传承与活化利用的研究——以南浔古镇为例［J］.江南论坛，2021（3）：52-53.

产推广效果 ①。

3. 完善运河文化传播载体建设

在新媒体时代，运河文化的传播和推广需要加强新时代媒体融合，聚力打造建设一批具有强大影响力和竞争力的新型主流媒体，建立线上线下相结合、传统与新型相统一、对上对下与对内对外兼顾的新媒体集群，形成多形式一体联动的立体化融媒传播体系，让大运河文化借助新的表达方式焕发夺目光彩。按照可移动文物主题展、不可移动文物虚拟展、非遗文物活化展的工作思路，建设和改造有关大运河文化博物馆、遗址公园等标志性展示载体，推进大运河"互联网＋"进程，建设一批新的文化展示场馆，提升古运河文化展示馆功能和数字化展示水平。开展丰富多彩的运河主题文化活动，以文化旅游、非遗展示、戏剧表演、文学创作、摄影美术、工艺设计等为主题举行大运河文化节、运河文化旅游博览会等，努力打造运河超级 IP。依托世界水日、中国水周、中国文化遗产日、"622"大运河申遗成功纪念日、国家海洋日、国际志愿者日等重大时间节点，开展大运河文化遗产的专题宣传和大运河传统文化主题展示和传播活动，策划推出富有特色的运河文化带项目，让运河文化发扬光大。同时也可以推动大运河传统文化元素进社区、进校园、进企业，建设若干大运河传统文化保护基地。

第四节　典型案例

一、大运河杭州段资源概况

大运河国家文化公园的江南运河、浙东运河经过杭州市辖区，大运河不仅是"世之瑰宝"，更是杭州的"城之命脉"。大运河见证着杭州的成长与变迁，奠定了城市格局、丰富了城市文化，是杭州一个响亮的城市品牌、一张珍贵的世界名片。杭州列入大运河世界文化遗产的河道总长约 110 公里，遗产点段共有 11 处，包括拱宸桥、广济桥、富义仓、凤山水城门遗址、桥西历史文化街

---

① 任占涛. 以大运河文化带建设助力乡村振兴［N］. 河南日报，2020-2-12.

区、西兴过塘行码头 6 个遗产点，以及江南运河杭州段的杭州塘、上塘河、杭州中河、龙山河和浙东运河杭州段的西兴运河 5 段河道。根据《杭州市大运河世界文化遗产保护规划》，大运河杭州段遗产区面积约 7.73 平方公里，缓冲区面积约 24.47 平方公里[①]。

京杭大运河（杭州段）4A 级景区主体位于杭州市主城区内，南北从石祥路至武林门，总长 7.3 公里，东西延伸至两岸 1 公里，创建范围约为 4.1 平方公里。景区范围内主要有拱宸桥、富义仓、通益公纱厂等省、市级文物保护单位，有国家厂丝仓库、大河造船厂等市级历史保护建筑，有石祥船坞、长征化工厂等工业遗存。同时，也形成了如张小泉剪刀锻造技艺、王星记制扇、西湖绸伞等传统手工技艺以及小热昏、运河庙会、龙舟竞渡等民俗与竞技等非物质文化遗产。

二、建设目标

在 2020 年 8 月杭州发展和改革委员会发布的《杭州市大运河文化保护传承利用规划》中，确定了发展目标是：高质量推进大运河（杭州段）文化保护传承利用，高水平打造世界运河保护利用史上的典范之作，把运河真正打造成具有时代特征、杭州特色的景观河、生态河、文化河，真正成为"人民的运河""游客的运河"。突出京杭运河南起点、浙东运河发源地、"人间天堂"、南宋古都等独特优势，围绕建设独特韵味别样精彩世界名城的目标，努力把大运河（杭州段）打造成为天人合一、古今交融、中国风范、杭州体验的大运河国家文化公园经典园、中国大运河最美段、大运河浙江段核心区[②]。

三、大运河国家文化公园的"杭州案例"

一直以来，杭州市高度重视大运河文化保护、传承和利用工作，不断加强统筹规划，多措并举打造大运河国家文化公园规划建设和传承利用的"杭州样板"，为坚定文化自信、推进文化强国建设提供杭州元素。流淌千年的大运河，

---

① 杭州市京杭运河（杭州段）综合保护中心.关于杭州大运河文化保护传承利用情况的汇报.2020年 8 月 11 日.

② 杭州发展和改革委员会.杭州市大运河文化保护传承利用规划.2020 年 8 月 https://www.doc88.com/p-24659487207484.html.

不仅是"世之瑰宝"，更是杭州的"城之命脉"。推进大运河国家文化公园建设和加强大运河文化保护传承利用是贯彻落实习近平总书记重要指示精神和党中央、国务院重要决策部署的具体行动，也是杭州展现城市魅力的重要工程。

1.立足遗产本体，构建文化遗产展示带

成为向世界传播中华优秀文化的重要标志是大运河国家文化公园建设的重要目标，纵贯数千里的大运河"点—线—面"的遗产本体，是中华文化的重要标识。构建承古开今的文化遗产展示带核心区，杭州市采取了以下举措：

一是切实保护大运河（杭州段）遗产的原真性和历史的完整性，使大运河遗产的文化真实性、重要性和完整性获得有效保护和延续，夯实凸显大运河文化标志的重要基础。按照"真实性、完整性、延续性、可识别性"和"修旧如旧"的理念，依据"城市记忆"传承与发展脉络，采取"点、线、面"结合逐步实施，保护物质遗存与植入非物质文化同步，把现存运河两岸的古桥、古街、古塔、古建筑、工业遗存和非物质文化遗产充分保留下来，进行多元保护传承，展现运河原汁原味的历史文化风貌。保护小河直街、桥西历史街区、大兜路历史街区、富义仓、塘栖水北街、红雷丝织厂、杭一棉通益公纱厂、土特产仓库等一大批历史建筑和工业遗存，总面积达29万平方米[①]。这些举措不仅形成了杭州市文化遗产资源的展示带，实现了运河文化遗产连片整体性保护展示和传承利用，而且也很好地加强了运河文化遗产资源、历史遗址的系统性保护与城市风貌提升之间的结合。

二是持续改善运河沿线环境，完善整体空间环境的塑造，发挥运河沿线整体之和大于个体的遗产价值。杭州市积极发挥大运河的文化引领作用，以大运河文化遗产为载体，不仅着力推进大运河生态环境的保护修复，而且注重生态环境保护与文化传承利用相互融合，积极推进区域协同发展。大运河贯穿南北、承接东西，具有高度的文化多元性、包容性和开放性特征。杭州市保护和传承漕运文化、商业文化、民俗文化、戏曲文化等大运河文化，广纳沿线各类特色文化，全面承担大运河（杭州段）珍贵历史文化遗存的保护、保存和展示责任，让大运河文化更有广度、有厚度、有温度，让大运河活起来，可阅读、

---

① 杭州市京杭运河（杭州段）综合保护中心.关于杭州大运河文化保护传承利用情况的汇报.2020年8月11日.

可体验、可回味。

2. 深化产业融合，培育"千年运河"文化旅游品牌

（1）深化产业融合，发展运河特色文化产业。杭州市一直以来推进运河文化与互联网、科技、金融、民生、生态环保等深度融合，引导运河沿线区域创新创意要素集聚，传承发展运河特色文化产业。

①文化＋创意。为实现大运河国家文化公园的文化资源保护、研究与传承利用融合发展的目的，杭州市以大运河国家文化公园为载体，持续推进运河沿线文物和文化资源保护传承利用协调发展基础工程，创新运河时代文化内涵，以文化引领城市的可持续发展，实施运河物质文化遗产和非物质文化遗产的活化传承和合理利用。以运河沿线历史街区、工业遗存、博物馆、历史建筑为平台，发展数字创意、工业设计、动漫游戏、影视传媒、文化软件、文化娱乐、文化艺术等文创产业，培育运河文化创意产业格局。杭州市在大运河遗产活化方面积极进行尝试，立足自身在文化、环境、人才、产业基础等方面的比较优势，以保护和利用相结合为原则，探索发展出了多种类型的文化创意产业开发模式，如运河博物馆群模式、工业遗产保护利用模式、历史街区更新模式等。未来杭州市还将在运河国家文化公园遗产保护、展示、传承利用载体之下，将遗产保护与公园运作相结合，探索实施系统化、持续性的遗产公园利用模式①。

A. 运河博物馆群模式。博物馆能全方位、多角度地反映和展现大运河自然风貌与历史文化，全面阐释大运河文化遗产价值，是当前大运河文化展示利用的主要载体和形式。推进运河博物馆群建设，有利于丰富大运河文化内涵，推动文化业态更新，提升文化经济效益。

杭州拱墅区，位于京杭大运河最南端，是大运河沿线古迹保存最完善、风貌最典型、景观最优美的区域。拱墅区积极构筑没有围墙的博物馆，秉承工业"搬"出来，文化"住"进去的发展原则，串珠成链，形成了保护传承利用大运河文化的"拱墅经验"。以拱宸桥一带为例，这里集聚了众多由老厂房、旧仓库改建而成的博物馆，有中国京杭大运河博物馆、中国刀剪剑博

---

① 王晓. 杭州市大运河国家文化公园建设研究［J］. 中国名城，2020（11）：89-94.

物馆、中国扇博物馆、中国伞博物馆、杭州工艺美术博物馆五大国家博物馆，形成了城市中罕见的博物馆群落。京杭大运河博物馆，由"大运河的开凿与变迁""大运河的利用""运河畔的城市""运河文化"四个展厅等组成，生动展现了古运河曾经繁荣的景象，是一座以运河文化为主题的大型专题博物馆。杭州工艺美术博物馆群由杭州工艺美术博物馆、中国刀剪剑、扇、伞博物馆四个专题馆组成，这四大博物馆是依托原先的红雷丝织厂、杭一棉（通益公纱厂）、桥西土特产仓库等老建筑和工业遗存进行改建融合、转型建造而成，不仅形成了以非遗为特色的博物馆群落，而且依托这些博物馆资源，拱墅区定期举办文化遗产集市、非遗展览、文物及非遗讲座等，很好地诠释和推广了运河文化，并成为运河边的一道亮丽的风景线。可以说，该博物馆群不仅保护传承了工业文明和非物质文化遗产，而且将优秀的非物质文化遗产与世界级的文化遗产——大运河交相辉映，让文化与生活、产业交融，展现了杭州城市的独特文化魅力、大运河人文精华与历史发展风采。另外，2021年1月，京杭大运河博物院一期工程在杭州市正式开工。博物院定位为文旅融合背景下的创新型体验式博物馆和高品质文旅目的地，预计于2023年年底试运营。该项目将打造兼具多种文化功能的国家级运河专题博物馆和大运河国际文化交流平台，成为杭州市的文化地标和国内一流、世界领先的文化旅游目的地。

B. 历史街区更新模式。作为举世闻名的千年古都，杭州在历史文化街区的探索上一直走在时代前沿，从西湖边的河坊街、南宋御街，到运河一带的多个历史文化街区赋新，杭州历史文化街区的规划与建造，彰显出一座历史文化名城与未来国际大都会的担当与气魄。近年来，持续推进大运河周边三大历史街区、富义仓、拱宸桥、塘栖镇等历史文化空间建设，挖掘保护代表城市记忆的历史建筑、工业遗存30多万平方米，使得大运河两岸成为全市文化产业发展的重要阵地，打造了两岸文化创意产业合作实验区、国家（运河）广告产业园、国家数字出版产业基地等国家级文化产业基地，形成了运河天地文化创意园、大运河文化艺术中心等一批高水平文化产业平台。据初步测算，2019年全市文化产业实现增加值达2105亿元，占全市生产总值的比重达13.7%，综合实力位居全国前列，其中大运河沿线八城区文化产业增加值占全市 60% 以上[①]。

C. 遗产公园利用模式。杭州市坚持以项目为载体，积极推进大运河保护传承利用和国家文化公园建设。例如结合大城北开发，杭州市将重点建设全国大运河国家文化公园标志性项目——大运河世界文化遗产公园，其主要包括京杭大运河博物院、大城北中央景观大道、大运河未来艺术科技中心、大运河杭钢工业旧址综保项目、大运河滨水公共空间、大运河生态艺术岛 6 个子项目[②]。这是杭州市在传承大运河文化内涵的基础上致力于突出特色亮点，以文化为魂，围绕打造运河"金名片"创新发展的重点建设项目。

②文化+体育。在《杭州市大运河文化保护传承利用规划（2020 年）》中，明确了大运河文化的传承利用应促进文体相融，通过举办大运河特色品牌体育赛事活动，积极开发徒步、爬山、健身、骑行、自驾车、马拉松、龙舟、游艇等运动休闲体育产品[③]，特别是依托大运河丰富的水资源，开发游泳、驾舟、赛艇、环湖竞走等集体性体育旅游活动，助力杭州体育旅游业的发展，推进大运河国家文化公园的建设。结合运河名城和体育城市的融合发展，举办体育赛事，拓展体育公共服务空间。作为 2022 年杭州亚运会乒乓球比赛等项目赛事的承办地，大运河亚运会公园以全民健身为主题进行建设，建成后不仅成为杭州市最大的体育公园，而且集亚运记忆、运河文化、体育培育为一体，为杭州重点打造大运河国际高端化的体育精品赛事打下良好基础。每年一度的杭州大运河文化节紧紧围绕运河文化，设置文化遗产线路，通过组织公众徒步、骑行等公众沿河体育运动项目串联大运河沿线重要文化遗产，将大运河文化和全民健身体育文化和谐融合，使公众在运动过程中感受文化遗产的精神滋养，让历史遗迹和运河文化在户外运动中生动传承。结合大运河深厚的历史文化底蕴和遗产资源，以体育和文化作为引领，探索体育特色小镇建设、在运河上举办水上赛事，重点发展体育生态旅游、体育文创设计、体育装备升级、体育民俗表

---

①　杭州发展和改革委员会. 杭州市大运河文化保护传承利用规划，2020 年 8 月 https://www.doc88.com/p-24659487207484.html.

②　高质量打造大运河国家文化公园的"杭州样板". 新华网, http://www.zj.xinhuanet.com/2020-09/13/c_1126486994.htm.

③　杭州发展和改革委员会. 杭州市大运河文化保护传承利用规划，2020 年 8 月 https://www.doc88.com/p-24659487207484.html.

演、时尚体育运动体验、体育康养休闲等产业，注重老旧、废弃产业基地向体育文化产业基地的转移创新。

③文化＋工业。在做好保护工作的基础上，推进大运河沿线老旧工业厂房、油库、仓库等设施工业遗产活化利用，通过建设专题博物馆、打造文化创意产业园区、开展工业旅游等方式，重点对杭州大河造船厂、杭州第一棉纺织厂、杭州丝绸印染联合厂、杭州土特产有限公司西仓库、杭州长征化工厂、杭州重型机械厂、华丰造纸厂、中石化杭州炼油厂、杭氧老厂区、杭州钢铁厂、杭州城东粮库等工业遗存进行活化利用，全面展示大运河演进过程和悠久灿烂的历史文化，传承杭州历史记忆与城市文脉，增加附加值①。

以拱墅区为例。拱墅区共有 17 处工业遗存，是大运河沿线区县（市）中最完整、最具典型意义的。如何通过对工业遗存改造再利用的方式，挖掘工业遗存在城市文化建设和价值塑造方面的作用，拱墅区在这方面做出了积极的尝试和成功的探索。首先大力推进博物馆群落建设，激活工业遗存独特的文化魅力。通过对原先的长征化工厂、通益公纱厂、杭一棉、大河造船厂等百年工业遗存的改造利用，这些废弃空荡的旧厂房、老仓库摇身一变，改建成了中国刀剪剑博物馆、中国伞博物馆、中国扇博物馆及相关文创产业基地；其次利用大运河深厚的文化底蕴吸引了文化名人、名企落户于此，激发运河文化创新创造活力。如在拱墅区设立工作室的有著名钢琴家郎朗、著名话剧导演孟京辉、著名越剧表演艺术家赵志刚等；中文在线等一批重点企业也相继入驻了由老旧厂房打造的运河天地文创园省级示范园区。入驻运河畔的还有一大批国家级非遗传承人，如张小泉剪刀、朱养心膏药等，使得拱墅区成为全国"工艺与民间艺术之都"首批传承基地。坐落在拱墅区的富义仓是杭州现存的唯一一个古粮仓，是运河标志性遗产，历史上曾被誉为"天下粮仓"，现在按照原有历史风貌进行了原样重建，转型成为了富义仓文化创意产业园，由"物质粮仓"转变为"精神粮仓"。最后，大力发展文化创意产业。未来几年，拱墅将沿大运河重点培育信联文创园、元谷尚堂园、影天像素园等十大新兴文创园区，打造"大运河文化创意产业带"，形成以"运河天地"为龙头的 10 个园区 5 个特色

---

① 杭州发展和改革委员会.杭州市大运河文化保护传承利用规划，2020 年 8 月 https://www.doc88.com/p-24659487207484.html.

楼宇的"一园多点"产业格局。

④文化＋创意产品。现阶段文创产品开发中，产品同质化现象严重，产品创新不足，缺乏设计感，无法形成吸引消费者的特质。大运河文化文创产品开发，除了利用馆藏资源进行设计开发之外，还应结合本地资源禀赋、遗产价值以及老字号传统手工艺等优势展开。杭州自古就是丝绸圣地，可以充分挖掘运河文化内涵，开展运河丝绸 IP 主题文创产品、伴手礼、工艺品等文创产品的设计和开发，形成具有独特运河文化的文创产品。同时利用标志性的建筑、艺术、非物质文化遗产及独特鲜明的文化元素，积极探索文化与创意、科技、市场需求相结合，实现大运河文化资源再创作，也是实现文创产品差异化的有利途径。如杭州工艺美术博物馆群利用工业遗产的空间资源，开发了能够丰富和发展一系列具有工业遗产特色的优秀文创产品，如为庆祝大运河申遗成功设计开发了"运河圆梦"系列文创产品，该文创产品的设计思路是基于当代艺术名画家安滨老师的"运河十景"画作，分别为拱宸邀月、三堡会澜、桥西人家等十个景点，设计开发了笔记本、明信片、装饰画、印章册 4 种极具运河特色的文创衍生品。该系列产品的开发不仅将杭州地域文化和文创产品设计相结合，有针对性地增加了产品种类，而且也有利于传播城市和大运河的历史文化。

移动互联网的普及，给文化产业的提升带来了良好契机。在博物馆文创产品的设计和开发中，不仅要注重延伸馆藏藏品的内涵和娱乐性，而且要运用信息化和数字化的手段，集观赏性、实用性、历史性和文化性为一体，实现观众和藏品的线上线下多元多频交互。在线上互动形式的设计中尽可能捕捉年轻人元素，设计游戏互动、解密通关等环节，为观众打造新颖创意的沉浸式体验，丰富参观体验的知识性和趣味性。例如杭州西湖博物馆设计了一系列能自由组合的多用途线上线下可互动的文创产品，公众不仅可以使用该产品，还可以在移动端阅读西湖十景的故事、来历、四季风情，同时还可以微信传播，具有社交功能。在信息技术快速发展的时代，博物馆文创产品的设计和开发要注重科学、合理、有效地融入信息技术，采用"科技＋艺术＋文化"的手段，让文物活起来，成为"把博物馆带回家"的重要载体。

（2）加强大运河品牌建设，开发运河精品旅游线路和产品。大运河水，千年不息。杭州市充分挖掘和利用运河杭州段丰富的自然水利资源和历史文脉，不断推进京杭大运河杭州主城核心段旅游景区与国际旅游目的地建设。近年来，杭州市以弘扬展示博大精深的中华文化为重要目的，挖掘悠久的历史文化底蕴，以运河河段、水利工程、古建筑、古桥、古城、古村落和非物质文化遗产为核心资源依托，提高运河文化街区和文化小镇的承载力，推动文化、旅游及相关产业深度融合，共同培育"千年运河"文化旅游品牌，打造运河国际旅游目的地。

充分挖掘和利用运河杭州段丰富的自然景观和文化资源，以工业遗存及历史建筑的保护修缮为基础，将物质文化遗产、非遗文化、人文景观的历史遗存串珠成链，将内涵丰富的运河文化价值转化为适应现代经济需求的现代文化产业，构建以运河沿线景观带旅游为依托的新型业态，通过将现已形成的拱宸桥西博物馆群落、特色历史性街区、文化创意产业园、香积寺、运河天地、塘栖古镇等重要节点及沿运河两岸景观连点成线，打造凸显杭州城市魅力的"文化走廊"，形成了移步换景、美不胜收、精彩不断的运河文化精品旅游线。积极发展运河夜间文旅经济，打造"运河灯光夜景带"，通过表现运河的美丽和个性，从河岸、码头、桥梁、道路、支流等照明角度，兼顾水中、岸上、空中多个层次描绘了一幅极具江南风情的水墨丹青式的运河夜景长卷，体现了运河文化的独特韵味，打造了运河城市夜景地标。目前，杭州运河已形成年接待规模1200万人次的国家 4A 级景区[①]。同时杭州市也积极参与和协助有关单位做强运河文化主题活动，构建协同发展新格局，比如推动大运河沿线省市联动举办相关运河文化品牌活动，积极扩大运河文化的国际影响，如中国大运河庙会、中国大运河国际钢琴艺术节、京杭大运河国际诗歌大会等，向世界展示杭州的古城风韵和文化魅力，打造影响力大、知名度高的国际化品牌。

在未来的发展规划中，杭州市也将不断增强杭州世界文化名城的影响力和核心带动作用，重点打造唐诗之路、古镇之路、戏曲之路等独具江南韵味和江河汇流区域钱塘江夜游等展现杭州魅力的国际文化精品游线。加强与西湖的游线联系，打造杭州双世界遗产旅游精品线路。依托大运河世界文化遗产，围绕

---

① 杭州市京杭运河（杭州段）综合保护中心.关于杭州大运河文化保护传承利用情况的汇报，2020年 8 月 11 日.

运河遗址考古发掘、重要遗产点段保护展示等，着力发展文明探源、历史体验、研学研修等旅游产品。策划和打造极具地方特色和浓郁民俗风情的运河经典文旅线路，比如钱塘江—运河游、塘栖—丁山湖—超山文旅线路等分别在运河水上游线、岸上游线、主题游线中融入了地域文化特色的文艺演出、非遗展演展示、民俗表演等；以人为本，倡导人水和谐，做好运河水文章，将20多公里长的沿河景区打造成生态绿色景观长廊，建设"清洁、清静、亲水、绿色、无视觉污染"的生态旅游运河风情线和5A级运河景观河道，形成杭州特色，打造"生活品质之城"和高品质的大运河文旅目的地。

3. 注重活化呈现，强化运河传统文化保护传承

（1）挖掘非遗文化内涵，打造大运河非遗特色IP。非物质文化遗产资源蕴含着丰富的精神内涵、深厚的文化底蕴。一方面，深入挖掘能够反映地方生活方式、审美偏好和价值观念的运河非遗文化资源，包括整理有关大运河故事、传说、名人逸事、民俗活动、艺术形式、工艺技巧等[1]。杭州市贯彻"科学保护、提高能力、弘扬价值、发展振兴"的原则，开展大运河非遗资源调查和传承人口述史记录，挖掘、记录和整理余杭滚灯、元宵钱王祭、半山立夏习俗等一批民间艺术、传统工艺、传统活动和古老传说非物质文化遗产，加快实施对濒危非遗项目的抢救性记录，将保护与传承措施落实到位，加大对运河非遗文化挖掘利用的深度和广度。另一方面，注重梳理非遗文化资源与大运河历史发展脉络之间的关系，深入剖析大运河非遗独特的历史背景和文化特征，将非遗文化的精神内涵和呈现方式与旅游产业深度融合，打造运河非遗IP，注重非遗文化的活态传承和文化创新。在大运河非遗文化品牌的构建过程中，杭州积极推进非遗保护传承与运河文化旅游业的融合发展，践行"非遗＋旅游""非遗＋节庆""非遗＋演艺"等组合拳发展模式，探索非遗传承传播新业态、新走向。例如，杭州为促进运河民俗节庆资源与旅游业的融合，以大运河文化节为统揽，结合不同主题举办半山立夏节、运河元宵灯会、运河庙会等节庆活动，打造了"春走大运，夏逛民俗，秋游庙会，冬赏花灯"的运河民俗游线路，推进非遗更多地融入百姓生活，传播运河文化。此外，还注重将饮食文

---

① 言唱. 大运河非物质文化遗产的活态保护与活化利用［J］. 海南师范大学学报（社会科学版），2020（3）：136–140.

化资源、传统手工艺资源与大运河旅游相互融合。例如在小河直街、桥西直街历史文化街区的修复中，秉承"修旧如旧"的理念，全面恢复及重新利用了老街区老字号及老店面，构建活着的历史街区，打造出运河特色景观，使运河沿岸的传统饮食烹饪技艺和传统手工艺的打磨技艺等非遗文化在建设和修复中得以传承。这些非遗项目成为了相关历史文化街区的关键构成和核心价值，形成了城市文旅特色 IP，对于街区游客产生了浓厚的吸引力[①]。杭州在非遗活化利用过程中依托大运河杭州段完善的旅游业发展基础，积极寻找与旅游业间的发展契合点，提炼非遗呈现方式中所蕴含的社会功能、文化价值以及大运河文化基因，为打造运河非遗品牌创造了机遇。

（2）振兴传统工艺和"老字号"品牌，推动非遗的活态展示传播。杭州市积极推动非物质文化遗产生产性保护，实施传统工艺保护振兴计划。具体而言，充分挖掘创造性手工艺术价值，恢复和发展濒危或退化的优秀工艺和元素。举办多种传统工艺博览会和传统工艺大展，鼓励通过互联网、直播、扫码等信息化展示方式，为传统工艺搭建更多展示交易平台。以传统技艺、中医药、美食等领域为重点，加强运河沿线中华"老字号"品牌传承保护。支持"老字号"传承和创新传统技艺，加强技术改造，提高产品质量和工艺技术水平，针对市场需求开发新产品，推进技术、产品和市场创新。

杭州拥有许多百姓耳熟能详的老字号品牌，如张小泉、王星记、西湖绸伞等，具有悠久的历史和深厚的文化积淀。这些品牌都已列入国家级非物质文化遗产代表作名录，在全国范围内具有极高的知名度和美誉度，是手工业时代具有代表性的品牌。在非遗的活态展示传播方面，中国刀剪剑博物馆、中国扇博物馆、中国伞博物馆以及手工艺活态展示馆，通过全方位、多角度、多元化的方式将张小泉剪刀锻制技艺、王星记制扇技艺、西湖绸伞制作技艺三项国家级非物质文化遗产资源进行了活化展陈，让传统的非遗项目在创新和传承的良性互动中得以活态呈现。此外，要充分借助互联网技术，让非遗走进现代生活，拓展非遗项目在新媒体平台中进行活态传承的新途径。微信公众号、淘宝开店、短视频课程等，都是非遗项目可利用的新媒体平台。如杭州工艺美术博

[①] 杨红，张天慧.大运河非遗活态传承利用杭州拱墅段经验［J］.长江大学学报（社会科学版），2021（1）：24-28.

物馆在微信公众号和抖音上开启讲授传统工艺知识的"云课堂",通过微信推送对大运河非遗资源及传承人进行全方位的推广;杭州南宋官窑博物馆推出了"杭州考古文物之声电台"展开知识介绍和信息推广。这些新型传播方式的运用,推动了大运河非遗与现代生产生活相融合,实现了非遗在保护和传承中的创新性发展,在拓展传统文化资源传播推广深度方面取得了很好的效果。

(3)推进大运河文化传承利用平台建设。整理挖掘大运河(杭州段)沿线文物和文化资源所荷载的重大事件、重要人物、重头故事,积极推进大运河传统文化主题特色小镇建设,打造一批民俗体验馆、综合性非遗展示馆、传统工艺杭州工作站等平台载体,构建全国大运河传统文化集聚展示高地[①]。以运河边的手工艺活态馆为例。馆内可体验如竹编、剪纸等二十余项中国特色的传统工艺、非物质文化遗产工艺。通过多种方式的体验设计,传承中华工艺文明,让技艺不再是记忆。同时,杭州市继承运河传统优秀文化,精心打造了一批以大运河文化为主体、高水平的大型实景和剧场演出。此外,在运河畔举办杭州市大运河世界文化遗产保护宣传周和中国大运河国际论坛,促进了国际运河城市文化交流;桥西历史街区项目荣获"世界休闲组织国际创新奖";大运河庙会、大运河文化节、国际诗歌节、元宵灯会、半山立夏节等文化活动让大运河成为一条流动的文化纽带,也为运河沿线城市的保护利用提供了"杭州模式"。

4.加强宣传展示,推进运河文化国际交流合作

杭州市积极开展运河文化宣传工作,连续举办了四届杭州市大运河世界文化遗产保护宣传周系列活动,通过举办当代马可波罗重走运河、运河文化走亲交流会、云游运河等系列活动,为中外运河城市交流搭建"杭州舞台";积极加强与国内城市文化交流联动,通过参加世界运河城市论坛、遗产活化城市联盟大会等,深化与北京、扬州、沧州等城市交流合作。加强运河文化对外交流,提升运河文化在世界舞台上的传播能力,以在杭召开的第三届世界休闲博览会为契机,积极送评桥西历史街区项目并获"世界休闲组织国际创新奖";参加"杭州世界遗产保护与城市推广:杭州–米兰城市论坛"、2019英国世界遗产年会,积极与各世界遗产管理同行进行深入交流;积极开展与意大利维罗

---

① 杭州发展和改革委员会.杭州市大运河文化保护传承利用规划,2020年8月 https://www.doc88.com/p–24659487207484.html.

纳市的交流与合作，围绕世界遗产可持续发展、遗产地文旅融合、优秀传统文化传承和保护等与国际遗产城市开展全方位、多层次交流，推动大运河文化走出去，努力将大运河杭州段打造成为国际运河文化交流中心，向世界展示中国大运河的文化魅力①。

流淌了 2000 多年的大运河，见证着杭州的成长与变迁，"运河"已内化成杭州的一种文化符号并融入城市血脉。一条大运河，不仅是杭州的宝贵文化遗产和精神财富，也是杭州城市发展的主要空间轴线和城市文脉。杭州市通过环境保护、文化传承、活化利用，让大运河古往风韵重焕新生，历久弥新。

第五节　发展建议

国家公园已有 100 多年历史，其保护和利用体系日益完善，许多国家与地区在国家公园的管理体制、财政体制、保护机制、开发利用途径方面有很多有益的探索与实践，这些探索与实践对大运河国家文化公园的保护传承和利用具有一定的启示意义。

一、借鉴国际经验，深化大运河国家文化公园的利用

国家文化公园在中国属于新生事物，引发了广泛的社会关注。由于各国的国情、建设背景和资源禀赋差异，不能照搬国外模式，需要在实践中不断进行探索。通过分析国外国家公园百年的管理建设经验，为大运河国家文化公园的保护利用提供借鉴。

综观世界各国的国家公园理论体系，以及不同国家的国家公园发展模式，都有以下共同特点：

1. 坚持保护传承利用相统一的理念

国家公园是本国或本地区重要的遗产管理体系类型之一，遵循保护第一的原则，切实保护一个国家和民族最具有代表性的不可再生、不可替代的遗产资

---

① 杭州市京杭运河（杭州段）综合保护中心.关于杭州大运河文化保护传承利用情况的汇报，2020年 8 月 11 日.

源和人类瑰宝，确保遗产的真实性、完整性和延续性，使其成为全民族乃至全人类共同珍护的共有遗产，保持民族文化的传承，是国家公园和国家文化公园保护传承利用的根本原则[1]。同时各国都秉承着将遗产资源的公益性服务作为国家公园的首要使命，以保护自然、服务人民、永续发展为目标，发挥其服务社会、为大众提供优质生态产品的功能，为大众提供科研、教育、体验、游憩等公益性服务，建立健全政府、企业、社会组织和公众参与自然保护的长效机制，不以创收为目的，支持和传承文化及人地和谐的产业模式，实现生态资源的永续利用和发展。

2. 坚持公益性、国家主导性和科学性导向

国家公园具有公益性、国家主导性和科学性三个基本特性[2]。其中保持公益性是国家公园体系建设的根本目的，它指国家公园在保护大型区域生态原始性的过程中为公民平等提供无偿性或低廉收费的科研、教育、游览等公共服务，产生良好的社会效益，它包括了为公众利益而设、对公众低廉收费、使公众受到教育、让公众积极参与等方面。国家主导性和科学性则是践行公益性的两大保障，前者突出了国家在国家公园规划、确立、管理、监督、立法、保护、投入和爱国主义教育等方面的作用，后者则要求构建科学合理的国家公园体系，包括国家公园在科学规划、分区、研究、教育、经营利用等方面的措施。

3. 实施特许经营

国家公园是具有国家意义的公众自然遗产公园。围绕公园内的游憩利用，各国因国情不同选择了不同的国家公园权力配置与规制模式，如美国的中央集权型、澳大利亚的分散型、日本的混合型游憩规制模式[3]。然而，国情再有不同，管理模式再有差异，特许经营始终是百年来各国主要的经营管理工具。

国家公园特许经营是指在生态保护前提下，为提高公众游憩体验质量，政府将通过许可、合约、租赁等方式，将非资源消耗性经营权依法授权给国家公园政府管理部门之外的主体开展商业经营的行为。国家公园中开展政府特许经

① 朱民阳.借鉴国际经验 建好大运河国家文化公园［J］.群众，2019（12）：19-20.

② 陈耀华，黄丹，颜思琦.论国家公园的公益性、国家主导性和科学性［J］.地理科学，2014（3）：258-264.

③ 国家公园为何需要特许经营制度，https://www.thepaper.cn/newsDetail_forward_3464304.

营，是以提高公共产品供给效率、减少政府公共财政压力为价值目标，将公园内的经营性项目通过竞争性程序，交由更专业的社会资本经营。它能顺应市场化、专业化趋势，有利于多主体分担国家公园自然资产利用中的经营风险，也更有利于面向公众提供更优质的经营服务项目。反之，如若由国家公园管理主体来兼任经营主体，缺乏竞争的经营环境会导致产品与设施更新滞缓，非专业性和低市场敏感度更会影响到最终服务质量[①]。欧美国家公园等自然保护地的营地类和运动类特许经营项目的开展，刺激了房车产业和运动产业的发展与升级，更使国家公园成为公众享受品质露营与户外运动的福地。

二、大运河国家文化公园的利用路径

开展国家文化公园建设是一项系统化的宏大工程。国际通行的国家公园、线性文化遗产保护理念和方式方法可以为我国国家文化公园建设提供理论和实践指导。国家文化公园具有文化展示、保护传承、科普宣教、游憩休闲、社区发展等功能，在建设过程中要加强顶层设计，以文化传承和弘扬为核心促进文旅融合发展，处理好共性与特性的关系，创新构建协同联动的管理运营机制，突出重点、分步推进。

现阶段，大运河文化遗产保护与利用理论研究整体滞后于实践发展，保护和利用的规划、实施管控和文旅发展等方面在实践中也因为价值理念的认知、缺乏科学系统理论指导和健全法规与机制支撑等等困境而出现了诸多问题，在一定程度上，影响了世界遗产这一重要资源的保护和利用成效。

1. 建立目标清晰、管理有效的规划体系

建设国家文化公园是提升国家文化软实力、提升公共文化服务品质、传播并弘扬中华文化、建设社会主义文化强国的主要载体。国家文化公园的建设和利用需要加强顶层设计和制定战略规划，理顺管理体制，创新运行机制，强化科学、健康建设和运营管理，促进各方协同发展[②]。首先，着力强化规划引领，以国家文化公园整体规划和目标为指导，构建不同方面和层级的目标体系和运

---

① 马洪艳，童光法.国家公园特许经营制度存在的问题及对策［J］.北京农学院学报，2020（4）：97–101.

② 吴丽云.五大路径推进国家文化公园建设［N］.中国旅游报，2019–12–11.

行机制，并以多层级具体化的专项规划落实和细化目标①。其次，加快国家文化公园立法进程，建立健全建设标准体系，合理规划、设计和建设管控保护区，做好项目开发的前期调研工作，强化生态环境治理监督与评估。然后，统筹宏观与微观、长期与近期、整体与专项等不同层级规划的关系，强化规划的可操作性和实施效果，切实加强对国家文化公园建设的管理和指导，指引和推动国家文化公园的高质量发展。

2. 坚持保护与利用相统一

充分挖掘大运河历史文化遗产资源，优化公共服务与社会治理，发挥国家文化公园公共服务的功能，带动地区环境治理和配套设施完善，提高周边地区业态水平，塑造高品质的公共文化空间。从构建大运河文化遗产保护体系入手，按照点线面相结合，物质文化遗产与非物质文化遗产保护传承利用相协同，运河遗产保护传承利用与旅游发展相协同，文化、旅游与生态修复相融合的原则，在大运河历史文化遗产保护与利用、文旅项目建设、旅游线路规划以及河道水系治理与生态修复等方面进行统筹谋划，坚持共建共治共享，在进行活化利用时应与现代城市空间进行有效结合，建立跨区域、跨流域的生态环境协同治理机制和民众参与机制，倡导保护与利用相互促进，鼓励社会力量参与运河文化保护传承利用，提升运河历史遗存的利用水平，促进运河文化与现代城市功能的有机融合，创新沿岸地区经济业态，鼓励和带动全民参与到大运河国家文化公园的保护、传承和利用中，携手共筑大运河文化共同体。

3. 协调联动推进

大运河国家文化公园的建设，需要沿线各省市地区的整体协调推进和聚合发展。要建立地区间的协调联动机制，以文化为引领，从顶层设计和具体操作两个层面重塑大运河实体，深度挖掘和整合运河沿线文化资源，形成协同发展态势，促进大运河文化的协同保护、传承和利用。这需要政府投入和社会力量秉承协作发展的理念，建立合理的协调机制和分工体系，整合大运河沿线多样化的文化资源，凝练大运河文化元素，协同打造运河文化圈，培育积极协作的运河文化产业和创意产业发展的长效合作机制，多点联动形成在保护传承利用

---

① 唐小平，张云毅，梁兵宽，等.中国国家公园规划体系构建研究［J］.北京林业大学学报（社会科学版），2019（1）：5-12.

大运河文化上的合力①。在运河文化价值挖掘和运河文化的传承利用方面，纵向上需要从中央到地方建立一整套的组织管理机构来支持和领导大运河国家文化公园的建设和传承利用工作；横向上，需要大运河沿线各地区之间建立国家文化公园建设管理的分工体系，以保证工作的有效衔接、协调推进。具体而言，由中央负责宏观统筹、强化监督管理和完善政策支持，地方承担内部协调、具体建设和运营管理任务，实现保护与传承利用的相互支持、相互促进和区域协调发展。

4. 处理好公益性和市场化的关系

大运河国家文化公园是"人民的公园"，要坚持全民共享。而目前的情况是运河沿岸多为旅游区。因此在大运河国家文化公园的保护传承和利用中，要让遗产保护与旅游活动相互促进、文化传承与经济发展同时兼顾，突出国家文化公园的公益性，提升公共文化空间品质，增进人民福祉，需要政府和社会各界有力的资金支持。

国家文化公园建设要处理好与周边社区居民的关系，保证与其的和谐共处。在系统规划、全面统筹的基础上，国家文化公园可以通过特许经营、合作经营等方式，允许周边居民在非核心区域从事旅游业相关经营业务；对于国家文化公园具有独特性的文化元素，通过开发文化创意产品和衍生品开展特许经营等方式，实现国家文化公园文化价值的创造性转化，以在更广范围内传播和弘扬中华优秀传统文化，增强国家文化公园的影响力②。

5. 建立特许经营机制

建立国家文化公园特许经营制，需要在国家层面进行规范，建立健全相关法规和管理办法，明确目标原则，对申报制度、合同签订、项目经营范围、价格调控、资金管理、监管体系等进行规定③。要遵循科学统筹规划、严格监管和保护的原则，严格控制经营服务种类及数量，实行特许经营目录管理，规定可以开展符合大运河国家文化公园总体规划和专项规划的特许经营服务项目。建立国家文化公园惠益分享的政策机制、出台特许经营资金及税收方

---

① 姜师立. 论大运河文化带建设的意义、构想与路径［J］. 中国名城，2017（10）：92-96.

② 朱民阳. 借鉴国际经验 建好大运河国家文化公园［J］. 群众，2019（12）：19-20.

③ 黄宝荣，王毅.我国国家公园体制试点的进展、问题与对策建议［J］.中国科学院院刊，2018（1）：76-85.

面的激励机制，明确特许经营者的确定条件，引导和带动社会单位和居民通过特许经营从事相关产业的经营，并将一定比例的项目收入投入和促进社区发展。建立严格的监管体系，确保特许经营活动依法有序进行，对特许经营者履行特许经营协议和相关义务、利用自然和文化资源、保护生态环境等情况加强监督管理。

第六章　大运河国家文化公园的参与机制

建设大运河国家文化公园是重大的国家文化工程，更是重大文化惠民工程。《大运河文化保护传承利用规划纲要》强调要协调各方的作用，调动各方力量，健全体制机制，激发内生动力。《大运河遗产保护管理办法》提出国家鼓励公民、法人和其他组织参与大运河遗产保护。大运河文化公园在规划建设和管理利用中需要汇聚民智、发动民力，要鼓励各类社会力量在政府主导、引导下参与其中，形成大运河国家文化公园建设与管理的各方合力。本章主要从社区、志愿者和企业三方面的社会参与主体入手，探讨大运河国家文化公园的多方参与现状，并在此基础上总结大运河国家文化公园的参与机制。此外，基础利益相关者、社区参与等相关理论，总结国际文化类国家公园社会参与机制的实践经验，为我国大运河国家文化公园如何更好地促进相关社会力量参与保护和建设提供发展建议。

第一节　理论基础

一、遗产的公众价值理论

现代公共参与概念的提出源于比较政治学，指普通公民通过对政治事务参与成本与利益进行评估[①]，选择合适的参与途径去参与政治生活，从而影响

---

① 李图强.现代公共行政中的公民参与［M］.北京：经济管理出版社，2004：98-101.

相关的政治决策[①]。20 世纪 70 年代中期，遗产保护领域的公众参与的理论萌芽——《阿姆斯特丹宣言》(1975) 提出："当建筑遗产受到公众，尤其是年轻一代的重视时，建筑遗产才能生存。"一年后，联合国教科文组织通过了《内罗毕建议书》，鼓励个人、居民团体以及其他遗产使用者共同为遗产保护发展提供建议并作出贡献[②]。此后，众多公约和章程决议等均提出促进公众参与文化遗产保护工作中的相关内容。遗产公众价值的概念来源于"公共价值"，指对经提炼的公众选择的反应。19 世纪末，遗产公众价值理论萌芽，将遗产价值效用的主体定位于公众，将公众作为遗产价值实现的行为主体，可以发挥公众的集体影响力为遗产争得最广泛的关注和保护力量。遗产的公众价值研究中将利益相关者定位为三个部分：政府部门、专家组织和公众，在遗产保护与开发的过程中，需要三者的密切联系和配合，其中公众的支持与参与非常重要[③]。2007 年，世界遗产委员会在原有的"4C"战略，即信用、保护、能力建设、交流的基础上增加了社区，构成了 21 世纪遗产保护的新要求。其中，遗产的价值由权威到公众的理念指出，遗产与公众生活息息相关、遗产发展与公众意见相关联、遗产品质提升可帮助共同提高生活质量、遗产规划与发展应由公众价值而非专家价值观主导（图 6-1）。

①　马振清.中国公民政治社会化问题研究［M］.哈尔滨：黑龙江人民出版社，2001：158-162.

②　程遥，高捷，赵民.多重控制目标下的用地分类体系构建的国际经验与启示［J］.国际城市规划，2012，027（006）：3-9.

③　苏静."遗产公众价值"研究及其在陈炉历史文化名镇保护应用初探［D］.西安建筑科技大学，2012.

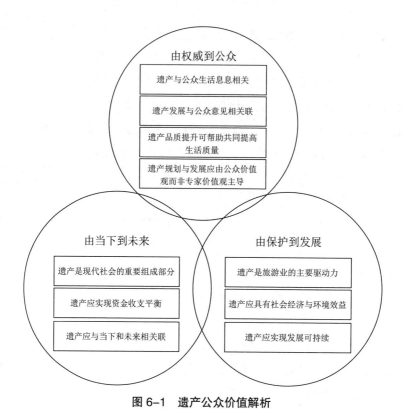

图 6-1 遗产公众价值解析

资料来源：付琳，曹磊，霍艳虹．世界遗产运河保护管理中的公众参与研究［J］．现代城市研究，2021，36（8）：7.

　　一些国家将公众参与的相关理念应用到遗产管理和运河遗产管理的相关实践中，提升公众参与度。以英国、加拿大两国的运河管理机制为例，两国运河遗产管理部门在进行运河遗产管理计划的更新时，均需在确定管理草案后开展公众咨询。以《里多运河国家历史遗址管理计划》（2005 年版）的公众参与模式为例，其决策过程首先被细分为计划草拟—初步审查—多方讨论—计划复审—公众咨询—成果确定 6 大环节，将以专家学者为主的咨询委员会与社区居民两大公众参与团体分别引入管理规划初步审议与公示咨询环节中，提升公众参与的效率与可操作性。此外，为了确保公众参与的有效性和广泛性，决策机关要对结果进行广泛宣传，也按情况进行问卷调查，同时将文化调查得到的定量调查结果反映于管理计划之中[①]（图6-2）。

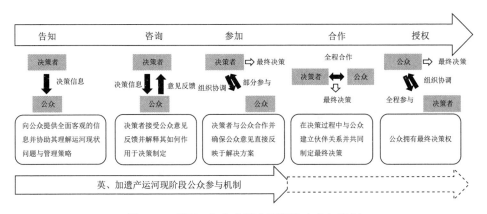

图6-2 英国、加拿大遗产运河公众参与机制

资料来源：付琳，曹磊，霍艳虹.世界遗产运河保护管理中的公众参与研究［J］.现代城市研究，2021，36（8）：7.

二、利益相关者理论

利益相关者理论最初来源于管理学。在传统企业管理理论中，除股东之外的相关个人和团体大多以企业环境或外生变量的角度被定义，因而被排除在企业管理的视线之外[②]。利益相关者理论极大挑战了以股东利益最大化为目标的"股东至上理念"，认为企业应是利益相关者的企业。弗里曼（Freeman）定义利益相关者为"任何能影响组织目标实现或被该目标影响的群体或个人"[③]。

20世纪80年代利益相关者理论进入旅游研究领域，1984年，《我们共同的未来》指出在可持续旅游的过程中有必要理解利益相关者，可持续旅游发展是个困难的过程，在让部分人受益的同时，势必影响到部分群体的利益。因此，世界环境发展委员会（WCED，1987）明确指出，引入利益相关者理论是

---

① 付琳，曹磊，霍艳虹.世界遗产运河保护管理中的公众参与研究［J］.现代城市研究，2021，36（8）：7.
② 吴玲，陈维政.企业对利益相关者实施分类管理的定量模式研究［J］.中国工业经济，2003（6）：70-76.
③ Freeman R E. Strategic Management：A Stakeholder Approach .Boston：Pitman/Ballinger，1984.

可持续发展过程中必不可少的要求之一^①。桑特和雷森根据弗里曼的利益相关者图谱，提出以旅游规划者为中心的 8 个利益相关者组成的图谱（如图 6-3）。

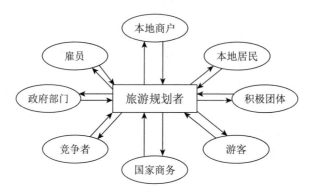

图 6-3　旅游业利益相关者结构图

注：引自：Sautter，1999；改编自：Freeman，1984.

资料来源：Sautter E T，Leisen B（1999）.Managing Stakeholders：A Tourism Planning Model. Annals of Tourism Research，1999，26（2）：312–328.

　　由于各利益相关者拥有资源不同，参与旅游发展的动机、目标、方式和核心利益点各有差异，他们在某一特定空间内必然经历反复的利益和权力博弈，形成错综复杂的关系网络。研究所有利益相关者之间的博弈及其对利益格局的影响，寻找博弈的均衡点，能更有效地解决不同利益相关者之间的冲突，促使可持续发展。通过权力—利益矩阵^②、威胁性—合作矩阵^③、批判性话语分析^④以及综合访谈、问卷、圆桌会议、非结构式群众会议等相关方法可以应用在具体的管理实践中，分析利益相关者的利益诉求以及促进利益相关者之间的沟通。大运河是世界文化遗产，其可持续发展也离不开利益相关者的参与和协作，只有通过利益相关者的参与合作才能实现其可持续发展。

①　World Commission on Environment and Development. Our Common Future. Oxford University Press，1987.

②　Marion C Markwick.2000. Golf tourism development，stakeholders，differing discourses and alternative agendas：the case of Malta. Tourism Management，（5）：515–524.

③　Sheehan L R，Ritchie J R B. Destination stakeholders：exploring identity and salience.[J]. Annals of Tourism Research，2005，32（3）：711–734.

④　Lyon，A.，Hunter-Jones，P.，& Warnaby，G.（2017）. Are we any closer to sustainable development? listening to active stakeholder discourses of tourism development in the waterberg biosphere reserve，south africa. Tourism Management，61，234–247.

三、社区参与理论

随着旅游发展中对社区力量关注的加强，从 20 世纪 70 年代开始，社区旅游方面的研究逐步深入，一些学者开始思考如何从社区角度去开发和规划旅游。社区法非常强调社区参与规划和决策制定过程。当地居民的参与使规划能反映当地居民的想法和对旅游的态度，以便规划实施后，减少居民对旅游的反感情绪和冲突行为。社区法把旅游地居民作为旅游地规划中的重要影响因素和规划内容本身的一部分，充分考虑了居民在当地旅游业发展中的作用。这个理论还把旅游业整合到当地社会、经济和环境的综合系统之中，有利于当地旅游业走向可持续发展的道路[①]。

在社区参与理论中，社区增权是一个重要的研究分支，在关于社区参与旅游发展决策的任何讨论中，权力及其影响问题都是一个决定性的考虑因素。斯彻文思（Scheyvens）明确指出旅游增权的受体应当是目的地社区，并提出了一个包含政治、经济、心理、社会 4 个维度在内的社区旅游增权框架：经济增权指旅游为当地社区带来持续的经济利益；心理增权指旅游发展提高了许多社区居民的自豪感以及可获得性的就业和挣钱机会的增加。导致传统社会底层的群体，如妇女和年轻人的社会地位提高；社会增权指旅游提高或维持当地社区的平衡，社区的整合度被提高，部分旅游收益被安排用于推动社区发展；政治增权指提供人们就旅游发展相关的问题以及处理方法进行交流的平台，并为这些群体提供被选举作为代表参与决策的机会[②]。

第二节　社区参与

社区参与指居住在遗产地及其周边一定范围内的大运河国家文化公园的社区参与公园的建设，主要表现在参与环境整治、参与文化传承、参与活动和营销三个方面。通过社区参与实现社区增权，社区增权主要体现在经济增权、社

---

① 陆林. 旅游规划原理［M］. 北京：高等教育出版社，2005.

② Scheyvens R. 1999 Ecotourism and the empowerment of local communities. Tourism Management，20：245–249.

会增权和心理增权三个方面。社区参与促进社区增权，社区增权反过来又进一步提高了社区参与，最终形成一个良性的循环。

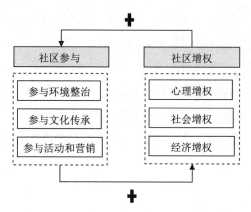

图6-4 大运河国家文化公园的社区参与机制

一、社区参与

大运河国家文化公园的社区参与主要表现在参与环境整治、参与文化传承、参与活动和营销三个方面。

1.社区参与环境整治

首先，河道水系是大运河的本体，水环境是大运河核心的有形资源，而社区又是参与改善和维持大运河环境面貌的重要组成部分。大运河水环境的保护不仅要靠环保、水利和城建等部门的统筹治理，更需要社会参与，大运河水环境周边的社区参与更是重中之重。如天津市河（湖）长办组织开展了为期半年的"健康大运河"专项行动，在此次专项行动中开展宣传引导，制作宣传布标，开展"村村喇叭响起来"宣传活动，重点对大运河沿岸各街镇、村，宣传河湖管理保护相关常识和法律法规，鼓励群众积极参与到大运河河湖管护中来，积极营造全社会共同关心、支持、参与和监督大运河管理保护的良好氛围。

其次，大运河沿线的景观风貌也是大运河文化保护的重中之重，《大运河文化保护传承利用规划纲要》提出将大运河周边的景观风貌列入保护范围，实现大运河文化遗产的整体性保护，而社区是生活在这个整体环境中的重要的有机组成成分，只有社区居民参与才能推进大运河整体环境的保护。如在大运河沿岸分布着大量的历史文化名镇名村、传统村落和历史文化街区，它们是大运河景观风貌的重要组成部分，这其中又生活着大量的社区居民，这些景观风貌就构成了他们的生活空间，只有社区居民的参与配合才能实现运河沿线环境的提升。如位于河南省安阳市滑县西北角卫运河畔的道口古镇采用"政府主导，公众参与，小规模逐步推进"的模式开展民居修缮工程，这项工程需要在尽量维持传统建筑外观风貌的基础上，采用维护、修缮以及整治等各项措施，保持传统建筑的风格。这个过程离不开社区居民的参与，只有社区居民理解自身环境的意义和价值，才能维持大运河周边景观的传统风貌。

2. 社区参与文化遗产传承

在关于文化遗产保护相关的一些权威文件，如《保护非物质文化遗产公约》等都提出社区参与文化遗产保护和传承是一项基本精神，在大运河文化遗产保护中要坚持社区参与的发展理念，树立社区在文化遗产保护和传承中的主体地位，培育社区的文化遗产保护意识，建立社区参与的多样化方式和长效的保护机制。大运河全长近3200公里，开凿至今已有2500多年，沿线文物资源丰富，拥有世界文化遗产19项、全国重点文物保护单位1606处。大运河文化保护传承利用是大运河国家文化公园建设的重中之重，对于生活在大运河周边的社区居民来说，大运河遗产已经融入他们的生活环境，成为其生活方式的一部分，社区居民是大运河遗产的使用者和持有者，是大运河遗产保护的主体。本部分将从社区参与大运河遗产保护和传承的意识以及社区参与的方式和途径两个层面进行阐述。

首先，从社区参与遗产保护和传承的意识角度来说，一些研究指出我国目前社区居民参与遗产保护的意识比较欠缺，出现这种现象的原因是在我国传统的城乡遗产保护模式中忽略了社区居民作为遗产完整性和原真性中的一部分的存在价值，对社区居民往往采取补偿和搬迁的方式进行"去遗产化"的处理，这导致了社区原住民更多关注的是在遗产保护和开发过程中在经济博弈中是否能获得红利，关注个人利益的最大化，进而导致了遗产保护和传承的意识欠缺①。但是随着时代的发展，我们国家对大运河遗产的保护理念不断更新，在大运河国家文化公园的发展过程中更关注遗产的完整性和原真性，从而能够正确认识社区居民在其中的重要价值，在这种发展理念的指导下社区居民参与遗产保护和传承的意识在不断地发展，发改委"大运河文化保护传承利用"专题中便刊登了"祖孙四代无私奉献守护运河文物五十载"的典型案例，讲述了世界文化遗产大运河泗县段的核心地段村民祖孙四代守护运河文物——"镇水神兽"的故事。

其次，在社区参与方式和途径的层面，可以分为自上而下和自下而上两种形式。在自上而下的形式中，政府发挥主导作用，通过制定相关政策引导公众参与，这种形式的社区参与水平较低，自主性不强。以非物质文化遗产传承为例，一些运河沿线地区政府为了促进运河沿岸非物质文化遗产的传习以及对非物质文化遗产传承人的保护，制定了非物质文化遗产专项振兴方案，对具有传统技能的手工艺者、工匠和非物质文化遗产传承人等给予政策和资金上的支持，自上而下的发展形式一定程度上促进了社区参与，但是缺乏可持续性和生命力。未来，应不断进行社区遗产保护相关教育，提高社区主动参与大运河遗产保护和传承的意识，促进大运河文化遗产保护自下而上的发展。

3. 社区参与大运河遗产文化宣传

大运河国家文化公园是国家推进实施的重大文化工程，是中华民族文化认同的纽带，社区居民是大运河国家文化公园遗产文化宣传的重要一环。社区居民积极参与到相关的文化推广活动中，构筑了大众传播的强有力渠道，使大运河古老文化焕发新的生命力。如常州市自 2013 年起至今已连续举办 8 届运河遗产保护宣传首创性群众活动——"常走大运"。活动规模从起初的 500 人逐步扩展至 5000 人，连续 2 年有全国运河城市代表到场参与。从单一线路扩展到主会场加 4 个分会场全域互动的活动规模，"常走大运"成为大运河畔社区居民广泛关注的年度盛事。此外，京杭大运河中河台儿庄段（月河）为传承与弘扬中华传统文化，提倡全民健身运动，感受非遗魅力，举行枣庄市大运河龙舟赛。如江苏省开展"寻找大运河江苏记忆"活动。通过今日头条客户端发

---

① 祁润钊，周铁军，董文静，等 . 近 20 年国内城乡遗产保护公众参与研究评述 [J] . 城市规划，2021，45（01）：105-118.

起江苏运河地标微话题，唤醒运河记忆，讲好运河故事，最终推选40个江苏运河地标，通过抖音客户端"区域互动赛"发起全民拍摄身边运河的短视频挑战，使社区居民参与到运河文化的宣传推广中。

二、社区增权

"增权"作为一种参与、控制、分配和使用资源的力量和过程，与大运河国家文化公园可持续发展之间存在着密切的联系。只有进行社区增权才能真正凸显社区在大运河国家文化公园发展中的主体地位，促进社区参与。因此，社区增权是大运河国家文化公园获得可持续发展的重要前提。

1. 经济增权，运河旅游助力乡村扶贫

《长城、大运河、长征国家文化公园建设方案》提出大运河国家文化公园重点建设四大主体功能区。围绕运河相关资源，打造文化园、旅游景区等项目，为当地社区提供就业机会，提高居民收入。居民通过土地流转、摊位经营、民宿经营、餐饮经营等方式参与运河旅游发展。以濉溪县百善镇道口村为例，在柳孜运河遗址发掘的基础上打造柳孜文化园，本地村民有100多人在文化园内工作。此外，文化园还流转了400多户村民的土地，村民每年都有租金。

2. 心理增权，提升社区自豪感

大运河国家文化公园作为国家重大文化工程，使大运河当地的社区居民认识到他们的自然环境和文化资源的独特性和价值，因此大运河国家文化公园的建设提高了周边社区居民的自豪感，这种日益增强的自豪感和主人翁意识能够进一步提高其接受教育和培训的积极性，从而促进就业、提升居民收入进而提高其社会地位，最后形成良性循环，使社区居民参与大运河国家文化公园建设的主动性进一步提高，最终实现全民共建共享的良好局面。如运河之畔的百善镇黄新庄村，地处大运河文化带核心区，坐落在该村的"隋堤景区"已经成为国家3A级旅游景区。黄新庄村村民说"景区就在村口，农闲时，我们喜欢到那里去拍照、拍视频，把它传到网上，晒一晒俺家乡的美景，倍感自豪"。

3. 社会增权，提高社区整合度

当个人和家庭共同参与大运河国家文化公园建设的工作时，社区的整合度会逐渐提升，社区参与的部分收益用于推动社区居住环境、道路交通等的发展，从而提升社区整体的发展水平，间接促进大运河周边环境的品质。如扬州市邗江区方巷镇沿湖村利用运河水资源发展生态旅游，传统的渔民上岸，以前的渔民"棚户区"改造成了原生态湿地。依靠独特的渔文化旅游资源，渔民从事渔家民宿和餐饮等旅游产业，提升渔民生活水平的同时促进了大运河环境的可持续发展。

第三节　志愿者参与

《大运河文化保护传承利用规划纲要》《大运河遗产保护管理办法》等提出协调社会各方作用，调动各方力量，汇聚民智、发动民力，形成大运河国家文化公园建设与管理的各方合力。其中，志愿者队伍建设是其中的重要内容。本节将从参与意愿、参与主体与形式、参与机制三方面对大运河国家文化公园的志愿者参与现状和机制进行总结。

一、参与意愿

志愿者是大运河国家文化公园建设的重要力量，是公众参与的重要组成部分，志愿者参与能够提升公众的保护和参与管理意识，提升大运河国家文化公园的影响力，促进管理者和公众的良性互动。在大运河文化遗产保护过程中，坚持汲取民间智慧，广泛吸纳民间组织、民间团体及广大民众参与。2020年12月11日至2021年1月10日期间，扬州市开展了"大运河遗产保护、利用情况调查"活动。调查结果显示对于保护大运河的志愿活动，95.12%的市民愿意参加，4.88%的无所谓；如果遇到破坏大运河的行为，会及时向相关部门举报的市民占80.49%，立即上前制止的占17.07%，假装没有看见的占2.44%。通过调查数据可以看出，市民对于大运河相关志愿活动的参与意愿较强。大运河国家文化公园在未来的建设中应积极调动志愿者力量，提供志愿者参与机会。

二、参与机制

1. 建立健全志愿者工作机制，建立志愿者参与大运河遗产保护工作平台

促进志愿者参与首先在体制机制，政府层面应出台相关政策，积极探索建立志愿者工作机制，提高志愿者团体在大运河国家文化公园建设过程中的话语权，提升志愿者团队参与大运河国家文化公园建设的广度和深度。如《江苏省人民代表大会常务委员会关于促进大运河文化带建设的决定》中就提出鼓励人民群众积极参与大运河文化带建设，建立健全大运河文化带建设志愿者工作机制。《浙江省大运河世界文化遗产保护条例》提出鼓励开展大运河志愿服务活动，相关设区的人民政府及有关部门应当建立志愿者参与大运河遗产保护工作的平台，为志愿者开展志愿服务提供便利。

2. 构建大运河志愿者服务支持体系

志愿者服务体系是整个社会系统中的一部分，需要社会资源的支持，包括法律保障、舆论支持、资金保障、智力支持等各个方面。在资金支持方面，大运河国家文化公园的志愿服务体系的发展离不开资金的保障，目前我国的志愿活动经费大多来自政府直接拨款、自筹和基金会等渠道，一些学者提出探索建立文物保护利用的公益基金，从而可以大力发展志愿者队伍，《浙江省大运河世界文化遗产保护条例》提出政府及其有关部门可以依法通过购买服务等方式支持志愿服务运营管理。同时，在智力支持方面，大运河国家文化公园的建设需要环境、遗产保护、旅游开发等各个方面的专业人才，应鼓励具有专业能力的志愿者加入大运河文化保护传承义务工作中来。

三、参与主体与形式

志愿者参与可分为校园志愿者与社会义工两种类型，是大运河遗产保护与开发的重要组成部分，志愿者的参与可以快速提高大运河国家文化公园建设的影响力，进而促进全社会更广泛的参与。此外，专家学者和相关技术人员是保障大运河国家文化公园高质量发展的关键因素。相较于普通的志愿者，专业学者具有较高的大运河遗产相关的历史文化和开发管理知识与经验，在大运河遗产的保护与发展工作中具有较高话语权，能够更好地参与大运河的相关发展工

作，同时促进政府管理者和社会公众的良好互动①。

1. 市民志愿参与运河文化宣传、运河遗产知识和保护条例普及工作

普通市民是志愿服务的最基础、最重要的组成部分，普通市民的参与能快速提升大运河国家文化公园的影响力，进而促进更广泛的社会参与。如杭州市运河志愿服务队，开展运河水环境治理宣传、运河文化研究成果的对外宣传展示、普及宣传保护大运河等相关活动。据统计，自2016年美丽运河志愿者服务队成立至今已组织志愿者活动71次，志愿者参与3076人次，服务时长近7887.5小时。此外，一些运河沿岸城市举办"行大运"骑行活动、"常走大运"万人运河马拉松等公益活动，以运河沿线著名旅游景区、文化地标为起终点，宣传运河文化和相关旅游景点。

2. 青少年志愿者通过志愿服务增强保护运河的责任感、使命感

随着社会的发展和进度，志愿者开始承担越来越多的社会性事务，志愿服务作为道德实践活动能够培养无私奉献的利他主义精神。大运河国家文化工程作为我国重大的文化工程，是传承中华文明的历史文化标识、凝聚中国力量的共同精神家园，青少年是遗产未来的保护者，青少年志愿者通过志愿活动增强社会责任感和使命感，提高了民族自信心和自豪感，是增加中华民族凝聚力的重要渠道。如由扬州团市委、市河长办和水利局扬州组织的"河小青"志愿服务团队已有3万余名成员，他们积极参与大运河的保护工作，通过志愿服务提升了对大运河国家文化公园的认识并提升了大运河国家文化公园的影响力。杭州市的"小小河长"志愿服务品牌，让青年一代更深入了解大运河世界文化遗产，增强保护运河的责任感、使命感。

3. 专业团队、专家技术人员参与志愿咨询等服务

智力支持在志愿者服务体系中非常重要，关乎到志愿服务的整体质量和发展水平，学校和专家智库是智力服务支持体系中的重要组成部分。大运河国家文化公园的志愿者参与体系应充分吸收学校和专家智库资源，打造高水平的志愿者服务团队。以扬州大学水利科学与工程学院开展"大运河历史与文化宣讲团"，根据不同受众群体的需求特征，对幼儿园、高校、社区等开展广泛而又

---

① 付琳，曹磊，霍艳虹.世界遗产运河保护管理中的公众参与研究［J］.现代城市研究，2021，36（8）：7.

专业的宣讲活动。如幼儿园主要的学习内容为认识运河，通过做游戏、手工等教学方式进行运河文化启蒙；在高校，结合自身的学科知识主要开展运河水利工程科技宣讲以及进行运河文化普及；而在社区，结合居民生活主要开展运河文化普及等内容的宣讲[①]。此外，我国成立国家文化公园专家咨询委员会搭建了多方沟通桥梁，通过凝聚不同专业的专家智慧，身体力行参与大运河国家文化公园建设任务，为加快推进大运河国家文化公园建设贡献了专业的智库力量。此外，地方专业技术人员在大运河申遗的过程中发挥了重要的作用，未来也将在大运河国家文化公园建设中发挥重要价值。

第四节　企业参与

各地在对大运河进行保护和发展的过程中都谋划了非常多的项目，需要大量资金，《大运河国家文化公园重大工程项目建设方案》中安排了对重点项目中央预算内投资予以适当补助，但预算内投资总量有限，预算内投资仅重点支持标志性工程，仅仅依靠政府直接投资的模式无法支持大运河遗产的保护和传承性开发，这其中需要更多的社会资本参与，国家也出台了相关的政策，鼓励社会资本共同参与大运河国家文化公园的建设。

一、参与规模与前景

相关研究统计，2018 年，大运河沿线 8 省市文化产业增加值已超过全国的 50%；文化产业增加值占 8 省市 GDP 比重达到 5% 以上，高出全国平均水平近 1 个百分点；沿线有 93 家 5A 级景区，1217 家 4A 级景区，大运河沿线已经成为我国文化和旅游业发展的脊梁带[②]。

2020 年 11 月 22 日来自大运河沿线的北京、河南、江苏、浙江等 8 省市共发布了 71 个大运重点项目投融资需求。江苏省设立 200 亿元的大运河文

---

① 汤薛艳，刘怀玉. 基于大运河宣讲团的水利专业文化涵育实践——以扬州大学水利科学与工程学院"大运河历史与文化宣讲团"为例［J］. 教育教学论坛，2020（40）.

② 政协全国委员会文化文史和学习委员会调研组. 让古老的大运河向世界亮出金名片［EB/OL］. http://www.qstheory.cn/dukan/qs/2019–08/01/c_1124819494.htm，2019–08–01/2021–05–11.

化旅游发展基金，目前江苏省文化投资管理集团与扬州、淮安、苏州、无锡、常州、南京和徐州等大运河重要节点城市进行了有效对接，拟定了一批区域配套基金和重点投资项目。无锡市大运河文化带建设核心区和辐射区投资的 200 万元以上重大项目已有 23 个，总投资额达 650 多亿元。其中既包括投资 300 亿元的华侨城古运河风情小镇、投资 200 亿元的人鱼小镇等旅游休闲项目，又包括中广传媒无锡文化产业园、阳山蓝凤凰小镇等文化产业项目，还有环城步道、小娄巷历史文化街区等景观提升项目。

二、企业参与意愿

大运河国家文化公园的前期建设主要由政府承担投资，由于融资风险、建设风险和管理风险等风险较高，导致社会资本的投资热情不高。以江苏段大运河为例，江苏段大运河大部分项目都由政府承担投资，而大运河文化带建设前期的大多数资金来源还是依靠国家各级政府的直接资金，在这种政府直接投资的模式下，财政压力大，常容易导致资金链断裂，项目进程无法保障。但在沿岸的旅游文化区建设中，尽管有社会资本的融入来盘活运河投资市场，可是由于大运河文化带项目建设回报周期长，导致社会资本投入项目的热情不高，通过政府基金撬动社会资本的难度大[1]。

企业参与需要考虑直接的价值回报和未来可能的经济效益，大运河建设项目中很多项目涉及对遗产的保护，在改造和再利用的过程中投资成本较高，其次在遗产保护各项法律法规的要求下，各项审批严格，整体来说投资回收期长、风险高等都导致了企业投资热情不高[2]。未来应充分调研，积极探索创新融资方式，建立政府与企业利益共享与风险共担机制，提升企业参与的积极性。与此同时，在这个过程中要通过相关法律法规防止过度商业化的问题。

---

[1] 朱文丰.江苏段大运河文化带项目建设风险研究［J］.产业与科技论坛，2020，v.19（05）：268-269.

[2] 祁润钊，周铁军，董文静，等.近20年国内城乡遗产保护公众参与研究评述［J］.城市规划，2021，45（01）：105-118.

三、企业参与方式

1. 参与主体

目前，国有企业是大运河国家文化公园建设中企业参与的主体，如杭州市运河集团、扬州运河文化投资集团有限公司、江苏省文化投资管理集团、苏州运河文化发展有限公司、沧州市大运河发展（集团）有限责任公司等是在大运河国家文化公园建设过程中参与度比较高的国有企业（表6-1）。

表6-1　部分大运河相关国有企业简介

企业名称	成立时间	主营业务
杭州市运河集团	2014年	土地开发、旅游发展、产业投资
扬州运河文化投资集团	2020年	文化艺术业、商务及金融服务业、文化体育场馆设施投资和经营管理
苏州运河文化发展有限公司	2012年	"两河一江"城区段环境综合整治项目的融资、投资、建设、运行、开发和管理
沧州市大运河发展（集团）有限责任公司	2020年	大运河两岸综合保护开发，大运河生态修复，市政工程、房屋建筑工程、绿化工程、亮化工程、河道综合治理，文化旅游产业项目规划、建设、开发、运营，土地开发整理，工程技术与设计服务，工程咨询与项目管理，物业管理服务等

资料来源：作者根据中华人民共和国文化和旅游部大运河国家文化公园专题等相关信息整理而成

2. 参与板块

企业主要参与公共配套设施建设、环境治理、土地开发利用、文化遗产保护等板块，以杭州市运河集团为例，公司主要负责土地开发利用、公共配套设施建设、项目建设和运营管理，承担京杭运河杭州主城区段综合整治与保护开发中相应的资金保障，建设重点是城中村改造、运河水环境治理和污染企业搬迁。同时开展资产经营活动和资本运作，重点发展以文化创意产业和旅游休闲为主的现代服务业（表6-2）。

表 6-2　杭州市运河集团部分项目示例

项目类型	序号	项目名称
景观公园类	1	小河公园
	2	大运河滨水公共空间
	3	大城北中央景观大道
	4	青园桥
	5	施家桥埠
	6	半道春红
	7	运河怀古
	8	艮山十景
	9	石栏长阵
	10	候圣驾
	11	左侯亭
	12	映月桥
	13	西湖文化广场
	14	运河文化广场
	15	运河魂雕塑
博物馆、艺术馆类	16	京杭大运河博物院
	17	手工艺活态馆
	18	余杭方志馆
	19	运河谷仓博物馆
历史街区类	20	桥西历史街区
	21	大兜路历史街区
	22	小河直街历史保护街区
住宅项目类	23	运河–天城国际
	24	运河新城平安桥地块农转居公寓
文化遗产保护类	25	大运河杭钢工业旧址综保项目
酒店类	26	运河契弗利酒店

资料来源：作者根据杭州市运河集团官方网站相关信息整理而成

第五节 发展建议

大运河国家文化公园建设需要协调各方的作用，健全体制机制，激发内生动力。从目前的阶段来看，大运河国家文化公园的建设还是以政府为主导，多方参与机制尚未完全形成。本节在总结国内外遗产公众价值理论、利益相关者理论与社区参与等相关的理论和实践的基础上，提出大运河国家文化公园在参与机制方面的发展建议。

一、加大宣传力度，广泛动员社会力量参与项目建设

大运河国家文化公园的建设需要公众的参与，公众的广泛参与是加快大运河国家文化公园建设速度和提高建设质量的关键。根据相关调查显示，目前社会公众对大运河国家文化公园建设情况的认知度较低，国家需要采取多种形式，通过多种渠道进行宣传，如通过公共网站、开放日、青少年教育项目等形式，扩大公众参与途径，提高公众参与意识[①]，使人民了解大运河文化和国家相关发展方向才能使社会力量逐步参与进来。

要搭建大运河国家文化公园项目建设平台，促进社会力量参与相关项目建设。在制定相关规划计划时积极开展公众咨询，让公众参与到相关规划和计划的制定过程中。图 6-5 为加拿大里多运河公众咨询模式。

---

① 吴秋丽，李杰，吴志浩.河北省大运河文化带的内涵及建设路径［J］.沧州师范学院学报，2020（3）.

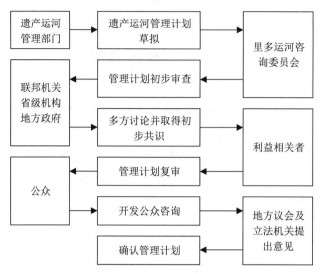

图 6-5 加拿大里多运河公众咨询模式

资料来源：付琳，曹磊，霍艳虹.世界遗产运河保护管理中的公众参与研究［J］.现代城市研究，2021，36（8）：7.

二、综合采用科学的技术方法，构建利益相关者参与机制

利益相关者的理论最初来源于管理学，在可持续发展中有重要的应用。可持续发展是个困难的过程，在让部分人受益的同时，势必影响到部分群体的利益。因此，引入利益相关者的理论和方法是大运河国家文化公园可持续发展过程中必不可少的要求之一。

鉴于利益相关者参与所具有的重要意义，国外学者提出了收集利益相关者的意见以及吸纳利益相关者参与的具体技术与方法。这些方法一方面包括非结构式的群众会议，也包括专业情景描述法、公共信息会议法、有反馈的可视化调查技术，提名代表技术程序法、市民调查法、焦点小组法、随机抽样法和求同会议法等。

在大运河国家文化公园的建设过程中应该综合应用各种技术手法，构建起一个利益相关者的参与机制。不仅要定性地了解利益主体的相关意见，还要对其进行定量分析，从而有利于测量和比较各种观点的相对重要性。

三、全方面促进社区参与

首先，充分了解社区参与意愿与社区不参与原因。社区参与的本质是从不参与到自发参与的变化。社区不参与的原因主要包括社会文化、现实困难和心理不安三方面的因素：其中社会文化因素包括社会信仰和等级结构、工作时间等，现实困难包括缺乏了解、缺乏资金、缺乏符合计划指南的卫生设施、缺乏制度机制等，心理不安主要包括对文化价值丧失和安全的顾虑、被主流交易排除在外等因素。在大运河国家文化公园建设的过程中应建立沟通渠道，充分了解社区参与意愿，对限制社区参与的因素进行调查研究和改善。

其次，采用社区参与的方法制定相关规划、进行相关决策。社区参与规划和决策制定过程能反映当地居民的态度，能够一定程度上减少规划实施后居民的不良情绪以及冲突行为。在大运河国家文化公园发展过程中应该把社区居民作为规划中的重要分析因素和规划内容的一部分，充分考虑居民在当地发展中的作用，有利于大运河国家文化公园走上可持续发展的道路[①]。

以英国世界文化遗产哈德良长城为例，其较好地实现了遗产保护、旅游利用和社区发展的多赢，主要表现在以下两个方面[②]：

第一，构建与社区互动的解说系统。哈德良长城解说战略的核心是地方解说计划。其在介绍核心景观的同时也介绍当地社区的景观、风情、生产活动等相关情况，周边社区会发展特色旅游产品，尤其注重乡村社区的发展，通过建立农民市场等方式促进地方生产。在此基础上，通过解说系统增强了世界遗产保护地与当地社区的联系，促进核心遗产与本地产业供应链的联系。这种与社区互动的解说系统让游客在参观游览核心遗址之余能够便利地到达周边社区，从而促进周边社区相关产业发展，增加社区居民的收益，实现与社区的良性互动。在这个过程中，旅游合作者相关组织负责协调旅游市场活动，社区所在委员会负责协调开发和建设，当地社区参与到了地方开发和建设的工作中。

第二，加强与社区的紧密联系，培养当地居民的认同感和主权感，促进社区利益最大化。哈德良长城旅游合作者组织的一个主要目标，就是通过促进与

---

① 陆林.旅游规划原理［M］.北京：高等教育出版社，2005.
② 邓明艳，罗佳明.英国世界遗产保护利用与社区发展互动的启示——以哈德良长城为例［J］.生态经济（中文版）（12）：141-145.

地方服务业和相关行业的联系，并通过适当的市场营销使可持续旅游发展中地方利益最大化。此外，地方会组织一些活动使社区居民参与到遗产保护和发展中来，增强社区的文化自豪感，促进社区参与。

四、构建志愿服务支持体系，调动社会力量参与的积极性

志愿者参与是目前我国大运河国家文化公园建设中薄弱但是重要的一环，尤其是专业团体的参与对大运河国家文化公园的长远发展有重要的影响。从世界范围看，很多国家的文化遗产保护行动是自下而上的进程，以意大利阿匹亚古道为例，阿匹亚古道保护行动就是社会人士和社会团体为主发起的，最后逐步发展到由中央政府机构直接集中管理，是一个自下而上的过程。又比如美国在 20 世纪 60 年代之前，其文化类遗产也主要是依靠民间组织"自下而上"进行保护，后来逐渐形成了美国当下以公众参与为核心的遗产保护体系[①]。

总结我国目前的大运河遗产的保护现状，其从公布全国重点文物保护单位到申报世界文化遗产，是由中央政府发起和组织的自上而下的过程。调动社会力量积极性，构建一个持久有生命力的发展机制，还需要长期不懈的努力[②]。随着我国志愿精神的不断增强，通过构建政府支持、法律保障、资金支持、媒体宣传、全社会参与的志愿者服务体系，调动更多的志愿者和社会组织加入大运河国家文化公园的建设过程中，从而促进大运河国家文化公园更快更好地发展。

---

① 汪丽君，舒平，侯薇.冲突、多样性与公众参与——美国建筑历史遗产保护历程研究［J］.建筑学报，2011（5）：5.

② 于冰.文化线路整体保护挑战与实践路径——意大利阿匹亚古道与中国大运河比较研究［J］.中国名城，2020，000（006）：74-83.

第七章 大运河国家文化公园沿线省市建设进展

第一节 北京市

一、国家文化公园概况与建设进展

2019 年 12 月，北京市发布了《北京市大运河文化保护传承利用实施规划》和《北京市大运河文化保护传承利用五年行动计划（2018~2022 年）》，提出要加快规划建设大运河国家文化公园（北京段），谋划大运河沿线区域发展。2021 年 10 月，《北京市大运河国家文化公园建设保护规划》发布，明确了保护传承、研究发掘、环境配套、文旅融合、数字再现五个重点工程，并提出到 2021 年实现大运河国家文化公园建设管理机制全面建立，北运河通州段实现全线游船通航；到 2023 年，大运河国家文化公园建设保护任务基本完成；到 2025 年，实现大运河各类文化遗产资源保护基本实现全覆盖的战略目标。

目前，通州区的大运河国家文化公园建设走在北京市前列，并已初具成效，运河沿线上的大型景观遗址遗迹清退修缮保护工作基本完成，北运河通州段 11.4 公里实现游船通航，通州大运河正在创建国家 5A 级景区，为国家文化公园的建设奠定了坚实的基础。与此同时，北京市还与其他运河沿线省市携手共进，共同推动片区协同发展，构建多点联动格局。一方面，北京市与天津市、河北省签订《北运河开发建设合作框架协议》，促进区域协同发展；另一方面，联合沿线其他七省市举办大运河文化带非遗大展和大运河文化之旅活动等，不断扩大运河文化影响力，深化沿线城市交流合作。

二、国家文化公园组织机构设置

2017年8月，北京市市委、市政府成立了推进全国文化中心建设领导小组，下设一办七组。即一个办公室和老城保护、大运河文化带建设、长城文化带建设、西山永定河文化带建设、文化内涵挖掘、文化建设组和产业发展七个专项工作组。其中大运河文化带建设组是由市发改委、市文物局牵头，市规划国土委、市环保局、市水务局、市园林绿化局等25个政府部门和东城、西城、通州等7个区参与，主要工作是对大运河相关的文化遗存和历史文物列出清单，实行分类分级保护，将文化保护传承与疏解整治有机结合，并负责大运河文化带、生态带、产业带的规划建设，以及相关计划与规划的编制。2019年12月，北京市委市政府在推进全国文化中心建设领导小组原有专项工作组的基础上，增设了国家文化公园建设专项工作组，由宣传部长杜飞进任组长，办公室设在宣传部协调督查处，宣传部常务副部长任办公室主任，旨在保障各部门的及时沟通，促进资源合理配置，统筹推进国家文化公园建设。与此同时，北京市的各个区也成立了文化中心建设小组助推大运河国家文化公园的建设工作。北京市拟参照中央国家文化公园的设置，成立国家文化公园建设工作领导小组，以全面推进全市国家文化公园建设。

三、国家文化公园管理机制建设

社会参与方面，北京市积极搭建志愿者平台，提高公众参与度。2019年3月，北京市成立了中国大运河国际志愿者之家，为志愿者搭建服务交流的平台，平台按志愿服务内容分为文化、艺术、体育、科技四大类，致力于在给志愿者提供免费专业培训服务的同时发起公益项目，健全更加广泛的社会参与机制，为大运河国家文化公园的建设提供充足的后备力量。此外，北京市还通过举办大运河文化节，搭建专家"科普"文物保护的平台，吸引市民自发参与到大运河文化遗产的保护传承利用过程中。

资金支持方面，北京市构建了以政府财政性资金为主的投资机制。北京市每年从历史名城专项资金拨出固定资金用于支持大运河国家文化公园的建设。随着大量项目建设的快速推进，国家文化公园的建设改变为按项目申请获取资金，以增加资金使用的灵活性，实现科学合理的资金配置。

第二节　天津市

一、国家文化公园概况与建设进展

2020 年，天津市出台了《天津市大运河文化保护传承利用实施规划》，整合了天津市大运河沿线资源，以文化和旅游融合发展为导向，旨在促进北方运河缤纷旅游带的建设。天津还建立了大运河文化遗产及周边环境风貌保护管控清单，进一步加强对文化遗产的保护修缮和展示利用。在《天津市大运河文化保护传承利用实施规划》等有关大运河规划的基础上，天津市正在加快编制《天津市大运河国家文化公园建设保护规划》，以构建远中近落实体系，项目化、清单化推进主要任务和重点工程的实施。

二、国家文化公园组织机构设置

2017 年天津市成立大运河文化保护传承利用领导小组，2020 年 4 月调整为天津市大运河文化保护传承利用暨长城、大运河国家文化公园建设领导小组，由市委常委，常务副市长（分管发改委）马顺清任组长，包括相关部门和各个区共 30 个部门，领导小组的办公室设在发改委，由发改委主任王卫东任办公室主任。小组负责统筹指导和推进天津市大运河文化保护传承利用和长城、大运河国家文化公园建设各项主要任务和重点工程，研究审议相关重要政策和其他重要事项，以及协调解决跨省市、跨区、跨部门的重大问题。在市领导小组指挥下，各区实行分段负责工作机制，落实大运河文化公园建设的实施工作。例如，西青区和武清区分别成立了杨柳青大运河国家文化公园领导小组和武清区大运河文化保护传承利用暨大运河国家文化公园建设领导小组，负责推动具体项目的建设。

三、国家文化公园管理机制建设

社会参与方面，天津市注重公众对公园建成后运营管理的参与。大运河国家文化公园的前期基础设施建设工作在政府主导下进行，而后期运营管理计划实施社会参与模式。天津将打造一批凸显大运河天津段文化特色的节庆、会展、民俗等品牌活动和大运河主题文化活动，鼓励公众参与到大运河国家文化公园的文化传播和管理实践中。

资金支持方面，天津市采用政府投资为主的方式，并鼓励社会资本投入。目前，天津市的大运河国家文化公园建设仍以政府投资占主导地位，但政府鼓励社会资本积极参与大运河相关项目。社会资金的参与能够带动社会化的运作方式，不但可以补充公园的建设资金，还可以通过多元化的管理体系推动公园的市场化运营。

建设模式方面，天津市采取规划先行、分段管理的方式。以杨柳青大运河国家文化公园为例，在规划建设初期通过运用大师工作营的方式，引入文旅、文创等相关业态，合理进行规划设计，从而有效避免了开发运营后职能弱化的现象，实现了产业与文化紧密融合，并采用政府主导、分段负责、市区联动的建设模式，落实建设责任，提高管理效率。

第三节 河北省

一、国家文化公园概况与建设进展

近年来，河北省高度重视大运河的保护，于 2020 年发布了《河北大运河文化保护传承利用实施规划》，并在此基础上深化编制了《河北省大运河文化遗产保护传承规划》《河北省大运河文化和旅游融合发展规划》两个专项规划，充分梳理大运河沿线文化遗产，促进其保护、传承和利用。此外，河北还编制我国第一个省级层面的《大运河整体景观和城市建筑风貌规划》，促进大运河规划与城市景观风貌相统一。对于大运河国家文化公园的建设，河北省编制了

《大运河国家文化公园建设实施方案》和《河北省大运河国家文化公园建设保护规划》两个规划，目前正处于审核过程中。

在大运河文化遗产的保护实践中，河北省持续推进大运河河北段沿岸文物资源和非遗资源的普查工作，目前已对 32 处水工遗产点段和 42 处相关历史文化遗产分级分类建立文化遗产名录，并完成非遗全面普查，建立健全了国家、省、市、县四级非遗名录和档案。在市级层面，沧州市启动文化遗产保护、生态环境保护、河道水系管护等方面的地方性法规和规章草案的起草工作；邯郸市起草完成《邯郸市大运河文物保护实施方案》，《邯郸市大运河文化遗产保护传承专项规划》也正在编制中；雄安新区已编制完成《雄安新区大运河文化保护传承利用实施方案》和《雄安新区大运河文物保护传承利用实施规划》。

在大运河文化遗产保护的基础上，河北省的运河沿岸城市也在积极推动大运河国家文化公园的建设，并将打造沧州、邯郸、雄安等地的 4 个国家级核心展示园，依托胜芳古镇、吴桥杂技等代表性文化资源，打造 9 个省级核心展示园，充分展现大运河河北段的自然风光与文化内涵，但目前尚处于规划阶段。

二、国家文化公园组织机构设置

为推进国家文化公园的建设，河北省成立了省国家文化公园建设工作领导小组，由宣传部部长焦彦龙担任组长，办公室设在文旅厅，办公室主任是文旅厅厅长那书晨。领导小组主要负责听取有关部门工作汇报，安排部署省国家文化公园建设工作。大运河国家文化公园工作涉及 5 个地级市和雄安新区，5 市 1 区均设立了国家文化公园的市级领导小组及相应机构，设立领导小组办公室。由于没有统一要求，各地所设立的机构名称有所不同，市一级主要负责统筹其区域内工作。省市层面的工作连接，加强了日常工作统一领导和协调推进，形成统筹推进、省市联动、高效运转的全省"一盘棋"工作体系。

三、国家文化公园的管理机制建设

社会参与方面，河北省探索了以政府为主导的政企合作机制。例如沧州市 2018 年成立了大运河建设发展有限公司，作为市政府指定的出资单位，负责与社会资本对接，实施棚改专项债申请、棚户区改造、地产开发和管理，并承担主城区段大运河两岸核心监控区范围内与大运河文化带建设相关的基础设施和公共服务设施的建设、运营管理，以及生态修复、改造和提升的工作。

资金支持方面，河北省建立政府与居民、社会力量合理共担大运河保护建设的资金机制。采用政府专项债券进行倾斜，财政直接给予补贴，中央扶持资金、鼓励社会资本参与建设等多种形式。既有助于增强政府单位的抗风险能力，又利于社会共享大运河的福利。

第四节　江苏省

一、国家文化公园概况与建设进展

江苏省是大运河国家文化公园全国重点建设区，致力于打造"江苏样板"，计划于2021年年底前完成建设任务。2020年，江苏省出台了《江苏省大运河文化保护传承利用规划》，编制完成了《江苏省大运河国家文化公园建设保护规划》，成为国内首个编制完成省级国家文化公园专项规划的省份，开创性探索了国家文化公园空间规划范式与实施路径。《江苏省大运河国家文化公园建设保护规划》明确了11个相关地市的功能定位、空间布局、重点项目库，并建立了实施方案和年度考核指标，增强规划可实施性。

随着顶层设计的基本完成，在实践方面，江苏省大运河国家文化公园首批将规划22个核心展示园，25条集中展示带和148个特色展示点，囊括9种类型，相关建设已经在江苏泰州、苏州、徐州、镇江、淮安、扬州等城市积极展开。2021年6月，扬州中国大运河博物馆正式开馆，成为江苏省大运河国家文化公园建设的重要成果。

二、国家文化公园组织机构设置

2018年，江苏省成立省大运河文化带建设工作领导小组作为临时协调机构负责统筹指挥大运河的建设工作，主要包括审议大运河文化带建设的重大政策、重大问题，协调跨地区跨部门重大事项，督促检查重要工作落实情况等，由省委书记娄勤俭任组长，省长吴政隆任第一副组长，与省直 17 个责任部门和 11 个运河相关设区市齐抓共管大运河的相关工作。大运河文化带建设办公室设立在宣传部产业处，负责做好日常工作，具体落实大运河文化带建设工作的综合协调、组织推进和督促检查，办公室主任由宣传部长张爱军兼任。大运河国家文化公园建设工作领导小组和大运河文化带建设工作领导小组是同一个领导小组。领导小组的全体会议一年一次。专题会由宣传部长牵头开展，没有固定周期。为了省市更好地协调工作，省下辖的 11 个区市成立了相关工作领导小组。另外，各重要部门也成立大运河领导小组，对大运河建设工作进行合理分工，例如，省水利厅大运河文化带建设工作领导小组，主要工作是统筹协调大运河文化带建设水利相关工作。省文化厅（文物局）大运河文化带建设立法调研起草工作领导小组，主要工作是省文化厅（文物局）职能范围相关条文的调研起草工作。

三、国家文化公园的管理机制建设

社会参与方面，江苏省充分发挥集体力量，扩大合作范围，吸引群众参与。在国际合作方面，为促进世界运河城市间的经济文化交流，江苏省搭建了世界运河历史文化城市合作组织（WCCO）平台，积极开展民间外交，扩大世界运河城市间的交往与合作。在国内合作方面，江苏文投集团与中国旅游研究院达成战略合作，旨在大运河文化遗产活化、运河城市文化和旅游发展指数发布、人才培养与交流、产业基金和相关领域开展深度合作。此外，江苏省还成立了"大运河城市全媒体联盟"，充分利用媒体优势，传播大运河保护、传承、利用的"中国经验"，为沿线各省市的大运河建设提供思路。在群众参与方面，江苏省多次以维护运河环境、保护运河遗址等为主题举办志愿者活动，让人民群众参与到大运河的保护中来，共为运河建设贡献力量。

资金支持方面，江苏省探索出多样化的融资机制。积极推动大运河文化旅游发展基金和专项债券相互合作，探索股债联动模式，撬动更多社会资本参与大运河文化保护传承利用，为推进大运河文化带和国家文化公园建设贡献力量。基金方面，江苏省设立了全国首支大运河文化旅游发展基金，重点投资大运河文化保护传承利用和文化旅游融合发展相关项目。江苏省大运河文化旅游投资管理有限公司与扬州市国扬基金管理有限公司、江苏省新兴产业投资管理有限公司等六家公司签署大运河相关合作基金协议，为江苏大运河文化旅游发展提供资金保障。债券方面，江苏省人民政府在上海证券交易所发行江苏省大运河文化带建设专项债券，成为全国首只大运河文化带建设地方政府专项债券，为其他地方的大运河文化带建设提供了融资参考。投资方面，全国首个大运河文化产业和旅游产业投资联盟在南京成立，首批三十多家文化旅游类联盟成员单位已通过了《大运河文化旅游产业投资联盟倡议书》。

遗产管理方面，江苏省充分利用现代技术和智库力量有效进行资源监管，促进文化的保护与传承。为加强大运河沿岸文化遗产监测数据的共建共享，完善监测预警机制，江苏省计划在 2016 年由扬州市文物局牵头建设的大运河遗产监测预警通用平台基础上，结合国家文物局世界文化遗产监测工作规范和江苏实际情况，在扬州设立监测管理中心，完成省级大运河世界文化遗产监测管理平台建设并投入运行，并提升改造扬州、苏州等 6 市大运河世界文化遗产监测预警平台，新建徐州、镇江和南京、泰州、南通等市遗产监测管理平台，形成"1+6+2+3"的省级遗产监测管理体系。此外，江苏省还利用智库力量，以江苏省社会科学院的学术力量为基础，成立大运河文化带建设研究院，内设大运河历史研究、文化研究、区域研究 3 个研究中心，并在大运河江苏段沿线城市先后设区市分院，以整合全省大运河文化研究资源和力量，促进运河沿岸文化遗产的管理与研究。

法律法规方面，江苏省实行教育与法制相结合的方针，进行保护运河的宣传教育。2019 年，江苏省人民代表大会常务委员会发布实施了《关于促进大运河文化带建设的决定》，成为全国首部促进大运河文化带建设的地方性法规。其沿线城市也先后颁布实施了《无锡市大运河遗产保护办法》《宁波市大运河遗产保护办法》《常州市大运河遗产保护办法》《大运河扬州段世界文化遗产保护办法》《淮安市大运河文化遗产保护条例》等法律条例，促进江苏省大运河法律法规体系的逐渐完善，为大运河文化带建设破解难题、创新发展提供了有力支撑。

第五节　浙江省

一、国家文化公园概况与建设进展

为推动大运河保护传承利用和国家文化公园建设工作，浙江省构建了大运河浙江段"1+1+1+3+5"的规划和方案体系，包括已经印发的《浙江省大运河文化保护传承利用实施规划》，提交国家审核的《浙江省大运河国家文化公园建设保护规划》，提交省政府常务会议审议的《浙江省大运河核心监控区国土空间管控通则》，已经交由领导小组审核的大运河浙江段沿线五市编制的《大运河文化保护传承利用暨国家文化公园建设方案》，以及大运河"岸"类项目论证及实施方案、大运河"馆"类项目论证及实施方案、大运河文化保护传承利用评价指标体系等。

目前，浙江省大运河国家文化公园建设的顶层设计已基本形成，沿线各地和省级各有关部门根据大运河沿线文物、文化和旅游资源的整体布局、禀赋差异，以及周边人居环境、自然条件、配套设施等情况，开始规划与建设大运河国家文化公园项目，旨在打造大运河国家文化公园的"杭州样板"。2020年年底，大运河国家文化公园杭州项目群集中开工，其中典型工程如大城北中央景观大道、小河公园两大标志性项目预计于2022年全面建成；大运河杭钢工业旧址综保项目将于杭州亚运会前完成公共区域建成开放，2023年全面建成运营；大运河博物院计划2024年试运营。2021年，大运河国家文化公园（临平段）建设启动，其中的大运河科技城打造，是融合科技和文化的一次新探索，为全国大运河国家文化公园的建设提供了参考。

二、国家文化公园组织机构设置

浙江省由省委宣传部牵头，省发改委、省文化和旅游厅等部门和沿线五市党委政府共同推进大运河国家文化公园建设工作。浙江省成立了由省委常委、宣传部部长朱国贤同志担任组长的专项工作领导小组，10个省级单位负责人及运河沿线五市常委宣传部长为领导小组成员。领导小组办公室设在省发改委。此外，浙江省还成立了由 35 人组成的高规格的大运河文化保护传承利用暨国家文化公园建设工作专家咨询委员会，聘请中共浙江省委原常委、杭州市委原书记王国平为浙江省大运河文化保护传承利用暨国家文化公园建设工作专家咨询委员会主任，中国文联副主席、中国美术家协会副主席许江等为副主任。专家委员会分为综合组、文化文物组、发展规划组、空间建设规划组、水利交通组和生态环境组 6 个组，从多领域为大运河国家文化公园建设提供政策设计、思路构建和方案策划。

三、国家文化公园的管理机制建设

社会参与方面，浙江省通过加强大运河文化展示，吸引公众参与大运河的宣传和建设。2019 年，杭州博物馆、宁波博物馆、嘉兴博物馆、湖州博物馆、绍兴博物馆和中国京杭大运河博物馆共同发起大运河（浙江）城市博物馆联盟，以提高大运河浙江段的文物保护管理水平，促进大运河文化陈列展示、文物宣传和科普教育，同时开展馆际资源交流，推动馆际优势互补，搭建大运河文博事业发展的新平台。此外，浙江省还通过制定《大运河故事》通俗读本、编纂《杭州运河志》、举办国内外学术会议、开展运河主题活动等方式，多层次、多角度、多形式地传播大运河文化，以增强大众对大运河文化的认知度，提升大众对大运河建设的参与度。

在法律法规上，浙江省 2021 年开始实施的《浙江省大运河世界文化遗产保护条例》是国内第一部关于大运河的地方立法，其相关条款与大运河文化带、大运河国家文化公园建设进行了必要衔接。沿线城市也发布了《杭州市大运河世界文化遗产保护条例》《宁波市大运河遗产保护办法》《嘉兴市大运河世界文化遗产保护条例》《绍兴市大运河世界文化遗产保护条例》等法律条例，为大运河文化保护传承利用提供了法律保障。

第六节　安徽省

一、国家文化公园概况与建设进展

为推动大运河国家文化公园建设，安徽省发改委、省文旅厅编制了《安徽省大运河国家文化公园建设保护规划》《安徽省大运河文化旅游融合发展规划》《安徽省大运河文化遗产保护传承专项规划》，不断完善顶层设计。淮北市、宿州市两个运河城市也在积极开展相关规划的编制工作，先后编制了《柳孜运河遗址景区旅游规划》《柳孜运河特色旅游小镇规划》《大运河文化保护传承利用三年行动方案》《宿州市大运河国家文化公园（先行段）规划》等。

在建设实践中，安徽省隋唐大运河（泗县段）国家文化公园项目已于2021年2月完成了招标工作并被纳入安徽省第二批"512"旅游重点项目推荐名单。2021年6月，淮北市的"国家文化公园——柳孜运河遗址区建设"项目准备工作基本完成，并进入实施阶段，标志着安徽省大运河国家文化公园标志性项目在淮北正式开工建设。

二、国家文化公园组织机构设置

安徽省高度重视大运河保护利用工作，将大运河国家文化公园建设列入年度重点工作任务。2017年，安徽省成立大运河文化带建设领导小组，领导小组组长是省委常委、组织部长、常务副省长邓向阳。领导小组成员包括省政府、省文化厅、省发改委、省公安厅、省财政厅、省国土资源厅、省环境保护厅、省住房城乡建设厅、省交通运输厅、省水利厅、省旅游局、省法制办、省文物、省测绘局、淮北市政府、宿州市政府的相关同志。领导小组办公室设在省文化厅，由省文化厅厅长袁华任办公室主任。在此基础上，安徽省成立了省大运河国家文化公园建设保护工作领导小组，负责统筹区域内大运河国家文化公园的遗产保护与规划建设工作。

三、国家文化公园的管理机制建设

社会参与方面，安徽省以文化为切入点，利用商业手段加强大众参与。例如淮北市以历史研究为基础，建设了"隋唐草市"全面科学地再现隋唐大运河时期丰富的建筑、文化、艺术、科技及社会价值。目前，"隋唐草市"入驻商家189家，涵盖运河味道餐饮、民俗婚庆、精品客栈、文化艺术四大业态，在为商家搭建平台的基础上，也使众多消费者参与其中。

遗产管理方面，安徽省政府出台了《关于加强安徽省大运河遗产保护管理工作的通知》，淮北和宿州两市政府分别出台《淮北市大运河遗产保护管理规定》《关于加强大运河宿州段保护管理工作的通知》等规范性文件，加大对运河的保护和管理力度。在此基础上，安徽持续完善大运河遗产资源名录，推进柳孜运河遗址保护利用等大运河遗产保护重点工程，为大运河国家文化公园的建设奠定基础。

文化旅游方面，安徽省积极打造大运河文旅品牌。在整合楚汉文化、淮河文化、红色文化、民俗文化等特色文化旅游资源的基础上，打造特色化、品牌化旅游产品体系。并开发了隋唐大运河通济渠研学游、大运河城市主题骑行游、大运河戏曲鉴赏游、大运河专题博物馆探索游等多条主题文化交流旅游线路，便于将大运河国家文化公园串联其中。

第七节　山东省

一、国家文化公园概况与建设进展

为推进大运河国家文化公园的建设，山东省于2020年印发了《山东省国家文化公园建设实施方案》和《山东省大运河文化保护传承利用实施规划》，明确了大运河国家文化公园（山东）的建设范围、内容、目标。目前，山东的运河城市已纷纷开始了大运河国家文化公园的规划与建设工作，一些重点工程已取得初步进展。台儿庄区于2020年聘请专业团队完成了台儿庄大运河国家文化公园策划方案编制，并已开始建设。临清市的大运河国家文化公园于 2021 年 7 月启动了游客接待中心项目的建设，并预计于 2023 年全部建成。2021 年 11 月，大运河国家文化公园建设推进大会于台儿庄召开，为山东省大运河国家文化公园的建设提供强劲动力。

二、国家文化公园组织机构设置

为统筹大运河文旅资源的开发和保护工作，2020 年 1 月，山东省成立了由省委常委、宣传部长任组长，分管副省长任副组长，15 个部门单位主要负责同志为成员的山东省国家文化公园建设工作领导小组，办公室设在省文化和旅游厅，办公室主任由省文旅厅长兼任。办公室下设国家文化公园大运河（山东段）建设推进组，统筹协调推进大运河国家文化公园相关工作。运河沿线 5个地市分别承担相应的主体责任和任务落实的直接责任。此外，山东省还成立了专家咨询委员会，建立了工作决策参谋和政策咨询机制，将专家决策咨询作为政府重大决策的必经程序，对于重大问题，广泛听取专家的意见和建议，充分发挥好专家在重大决策中的参谋作用。

三、国家文化公园的管理机制建设

社会参与方面，山东省积极调动多方面力量共同参与运河的建设工作，鼓励政企合作。如山东省旅游工程设计院参与了《中国大运河旅游总体规划》重大专项规划的制作、台儿庄区人民政府与新加坡尧泰汉海文旅集团签约共建台儿庄大运河国家文化公园建设重点文旅城项目等，充分发挥社会资本的力量。此外，山东省根据《文化志愿服务管理办法》培养了一批志愿者，主要参与有关大运河国家文化公园的活动宣传方面的工作，提高社会参与度。

宣传推广方面，山东省重视对大运河国家文化公园的营销和展示，旨在打响山东省大运河国家文化公园品牌。2021 年 7 月，山东省举办了以"千年运河·齐鲁华章"为主题的大运河国家文化公园文旅融合集中宣传活动，展示了山东省大运河沿线 5 市国家文化公园建设成果，并启动了山东省大运河国家文化公园文旅融合媒体采风活动，引导媒体记者赴山东省大运河沿线进行深入采访报道，增强山东省大运河国家文化公园的媒体曝光度，扩大其知名度和影响力。

第八节 河南省

一、国家文化公园概况与建设进展

河南省是全国唯一一个拥有大运河、长城、长征、黄河四大国家文化公园的省份，为推动大运河国家文化公园建设，河南省于 2020 年编制完成了《河南省大运河国家文化公园建设保护规划》。目前，由省文物局牵头编制的《河南省大运河文化遗产保护传承规划》已完成初稿，正在与沿线市县沟通具体事项，省水利厅会同交通厅在对大运河进行重新查勘的基础上，正在编制《河南省大运河河道水系治理管护规划》，省生态环境厅会同自然资源厅编制的《河南省大运河生态环境保护修复规划》已完成初稿，正在征求意见。

随着顶层设计的不断完善，河南省大运河国家文化公园的各项建设工作也在快速推进。洛阳市的隋唐大运河国家文化公园作为河南省大运河国家文化公园的重点项目，其东区已于 2021 年 4 月具备局部开放条件。郑州市也基本完成大运河国家文化公园的规划，并拟于 2021 年 10 月对大运河国家文化公园项目进行施工招标。

二、国家文化公园组织机构设置

2019 年，河南省成立河南省国家文化公园建设工作领导小组（包含长城、大运河、长征国家文化公园），由省委宣传部长担任组长，文旅厅厅长任副组长，小组成员包括省委宣传部、省发改委、省文旅厅、省文物局等相关处室的负责人。领导小组办公室设在文旅厅，由宣传部副部长担任办公室主任，文旅厅副厅长任办公室副主任。小组成员分头推进国家文化公园的工作，大运河国家文化公园建设管理的工作推进主要由省发改委负责。省文旅厅从文物局、文旅厅、非遗中心抽调人员，设立了工作专班，负责配合推进大运河的建设。与此同时，河南省还成立了大运河保护传承利用领导小组暨大运河国家文化公园领导小组，由常务副省长担任组长，负责大运河保护建设的统筹决策。市级层面则是以"文旅局局长 +1 个专班"的形式推进大运河的保护建设工作。

三、国家文化公园的管理机制建设

社会参与方面，河南省鼓励社会力量参与大运河国家文化公园的研究与建设。如郑州大学先后完成《大运河文化带（河南段）建设研究》《大运河文化带建设在我省融入"一带一路"建设、京津冀协同发展、长江经济带三大战略过程中提升我省地位和作用问题研究》等学术研究，近年来还承担了郑州、滑县等相关地市大运河文化带建设规划和《大运河文化保护传承利用规划》，充分发挥专家智慧。

文化旅游方面，河南省积极构建运河文化线路，打造运河文化旅游品牌。在分析现有资源的基础上，河南省梳理出华夏历史文明、运河古都、运河古城镇、运河水工科技、运河人文精神、运河曲艺技艺 6 条文化线路。并将文化和旅游深度融合，着力打造"运河人家"乡村旅游品牌、"漫游运河"体育旅游品牌、"创意运河"文化旅游品牌和"光影运河"旅游演艺品牌四大文旅品牌，以品牌促发展。

第八章 国外文化类国家公园案例

第一节 美国

一、文化类国家公园概况

美国是国家公园的发源地。1872 年，美国正式设立了世界上第一个国家公园——黄石公园。此后，经过一百年多的扩充与沉淀，美国国家公园逐渐形成了由美国国家公园管理局（NPS，National Park Service）主导的一套较完备的，独特的国家公园体系。这套体系拥有配套的法律法规、管理机构、运作机制等，并且建立起自身的网站体系，运用线上线下相结合的方式真正地将所有国家公园联结成一个整体。美国的国家公园系统是一个复杂的集合体，原则上，它们代表了美国在风景、历史和考古遗迹以及文化定义方面所能提供的最好的东西。因此，美国国家公园被称为美国"皇冠上的宝石"和"美国有史以来最好的想法"。

美国国家公园系统目前包括 50 个州、哥伦比亚特区、美属萨摩亚、关岛、波多黎各、塞班岛和维尔京群岛等 400 多个地区，面积超过 8400 万英亩。美国的国家公园围绕有效保护和持续使用这两大核心，将自然资源和人文资源以区域划分的方式进行保护，并在保护这些资源的基础上对其进行适度的开发以供公众进行可持续的享受。这种理念下的国家公园逐渐成为当今世界自然与文化遗产保护的一种颇具代表性的形式。

到目前为止，美国国家公园体系中共包含 423 个国家公园，划分了 19 个类型。其中有 11 个美国国家战场、4 个美国国家战场公园、1 个美国国家战场遗址、9 个美国国家军事公园、61 个美国国家历史公园、74 个美国国家历史遗址、1 个跨国历史遗址、31 个美国国家纪念馆、84 个美国国家纪念碑，9 类共计 276 个属于历史文化类的公园。这类公园本身就是美国历史的一部分，将美国过去的人、事、物以公园为载体保护起来，以娱乐的形式将历史传播给公众，让每一代人都可以亲自去了解历史。为了让人们铭记历史，历史文化类公园通过多样化的形式将每段历史展现给人们。基于每个公园本身和公园内的具有历史文化意义的物品来讲述对应的历史文化，也就是"一座公园，一段历史；一个物件，一段故事"。如把公园中的历史文物和具有历史意义的场景通过照片的形式与其蕴含的历史故事结合展示；将每个公园所讲述的历史故事串联起来在网站上发布，让人们通过"虚拟旅行"来探索历史；设计线上的历史名胜教学计划，将每个公园内的历史按主题、时间、地区和课程等级规划出近 160 个线上教学课程，使教师通过这个方式把历史带进课堂；建立 NPS 虚拟博物馆，将历史故事、文物等通过文字、照片的方式储存在线上博物馆供人们观看。[1]

二、管理体制

1. 组织机构

美国国家公园体系中建立了以中央政府为核心、社会参与、公私合作的管理体制。[2] 这是一种集中统一的体制。1916 年，美国国会通过《国家公园管理局组织法案》成立了隶属美国内务部的国家公园管理局，专门负责管理国家公园的一切事务，不受各州的行政权力干涉。国家公园管理局下的 7 个区域办公室分管各片区的国家公园，每个国家公园内都设有基层的管理局，从而形成了一种"国家公园管理局—区域办公室—基层管理局"的垂直线形管理体系。[3] 国家公园管理局保持对一切国家公园事务决策和行使关键权力的责任，与地方州、部落、联邦实体的协商与合作。

---

① 吴丽云，高珊，阎芷歆．美国"公园+"利用模式的启示［J］.环境经济，2021（05）：62-65.
②③ 朱华晟，陈婉婧，任灵芝．美国国家公园的管理体制［J］.城市问题，2013（05）：90-95.

美国国家公园管理局总部在华盛顿特区，下设有七个区域办公室，各个区域的国家公园相关事务由各区域办公室相对独立地管理。华盛顿特区总部中，NPS 管理局局长由总统提名，经由美国参议院最终确认。总部中还设有负责管理国家公园计划、政策和预算等职能的高级管理人员，与 7 个区域办公室的局共同支持 NPS 管理局局长工作，从而组成了国家公园管理局的核心权力层。国家公园体系的人员组成中，除了任职于国家公园管理局各级部门的国家公职成员，还有为了保护和支持国家公园硬件软件的各职能工作的员工，例如护林人、维修工人、生物科学技术员等，以及志愿者和合作伙伴。

2. 政策与法律

美国国家公园的设立和管理有着完备政策和法律体系，其管理主要以宪法、公法、条约、公告、行政命令、条例以及内务部长的指令为指导。国家公园管理局做出的关于国家公园的所有决策，大到发展目标及规划的确定，小到建设项目的审批和经营行为的规范，都按照法律和政策规定来进行 [①]。如决策的程序、完成一项行动的具体步骤、或者项目所要取得的最终结果。这些规定为所有管理决定制定了框架并提供了方向。1916 年，国会通过的《国家公园管理局组织法案》是国家公园法律体系的基石，而后通过的《历史遗迹保护法》（1935 年）、《公园、风景路和休闲地法》（1936 年）、《国家游径系统法》（1968 年）、《原生景观河流法》（1968 年）等一系列国会立法为不同类型国家公园的管理提供更细致的法律依据。

国家公园管理局的政策通常是通过协调一致的方式制定的。成立工作组首先进行广泛的实地审查，根据审查成果与国家公园管理局高级管理人员的协商制定出初步方案，而后将涉及的各方和公众的意见收集起来并进一步修改完善政策，最终发布出来。

美国国家公园法律体系包括国会立法及数十种规则、标准和执行命令，且每个国家公园单位均有其授权性立法文件和专门的立法，形成了一园一法的管理体系。此外，国家公园管理局还为所有公园单位制定了管理政策。公园主管人员在区域办公室的正式授权下，可以设置针对特定园区的命令和指导以补充

---

① 王志成. 美国城市生态公园的发展策略［J］. 城乡建设，2019（05）：66-69.

NPS政策，如营业时间、季节性开放日期或服务的程序政策[①]。

3. 规划体系

美国国家公园因为具备完善而成熟的法律体系从而为其建立一个层次清晰的规划体系提供了保证。整个规划体系分为3个层级，首先要根据公园的授权立法制定基础声明，记录公园的目的、意义、基本资源和价值以及主要的主题。其次，根据基础声明中的内容设定公园的长期目标，从而形成一份广泛的总括性文件——总体管理计划。项目管理计划遵循总体管理计划，将关于实现和维持所需资源条件和游客体验战略的具体项目信息更详细地阐述出来。战略计划基于公园的基础声明提出1~5年的行动方向并设定客观、可衡量的长期目标。这些目标是对公园的自然和文化资源的评估，公园游客的体验，以及公园在现有人员、资金和外部因素下的表现能力。最后，对于实施某项行动所需的具体项目细节以及该行动是如何来实现长期目标的则在实施计划中详细描述。

国家公园管理局还利用规划将逻辑、分析、公众参与和问责制引入决策过程。从与公众共享的广泛愿景到个人的年度工作任务和评估，公园的规划和决策以这样一个持续的、动态的周期进行。每个公园都将能够向决策者、工作人员和公众展示如何以全面、合理和可追踪的理由将各项决策相互联系起来。如NPS系统计划重点强调了NPS伙伴关系和社区参与的重要性。例如，2016年，有200多个非营利组织无偿为各地的公园提供专业知识的讲解服务；国家公园基金会负责帮助公园筹集资金、促使各公园之间建立合作伙伴关系和分配赠款，这些合作伙伴每年向国家公园系统贡献超过1.5亿美元[②]，由此可以看出，美国国家公园规划管理十分注重公众参与。

公众参与不仅仅在规划的制定过程中发挥作用，在后续国家公园的规划中也是重要的角色。公众参与规划和决策将确保该局充分了解和考虑公众在公园中的利益，因为公园是公众民族遗产、文化传统和社区环境的一部分。因此，国家公园管理局积极寻找和咨询现有和潜在的游客、邻居、美国印第安人、其他与公园土地有传统文化联系的人、科学家和学者、特许人、合作协会、门户

---

①② 陈耀华，侯晶露.美国国家公园规划体系特点及其启示——以美国红杉和国王峡谷国家公园为例［J］.规划师，2019，35（12）：72-77.

社区、其他合作伙伴和政府机构，与他们建立起合作关系来改善公园的状况。

三、资金机制

美国国家公园拥有科学完善的资金机制，程序严格，资金类目细致。资金主要有三大来源，联邦政府拨款、捐赠和商业性收入，这其中政府拨款为最主要的来源。国家公园管理局会在每一个财政年通过预算草案提出这一年整个国家公园体系的总需求资金，经过一系列听证会采取各相关方的意见，最终将草案提交给联邦政府审批。草案中详细写出了NPS支持国家公园各项事务所需要费用，以及在未来一年所要完成任务和目标必需的资金。通过私人捐赠建立的多种类型的信托资金属于专项资金，这类资金要用于捐赠者指定项目。一些相关的公益组织也会为公园某些特定的项目进行捐款。商业性收入是由于NPS拥有成熟的特许经营和合作伙伴机制，为公众游客提供娱乐项目、餐饮、住宿等商业性质的营业活动获得收入。特许经营费要存入一个特定的账户，专门用于支持合同管理、公园运营和经营活动。

资金按用途主要分为非专项资金和专项资金两大类，这两大项目涵盖了所有NPS的支出事项。非专项资金的花费为主要支出，占全部资金预算的约百分之七十，主要包括公园管理运营费、国家娱乐项目和保存费、历史保护资金、土地征用和国家援助费、建设维护费；专项资金则分为休闲游憩专项资金、其他固定专项资金、多种信托资金、游客体验改善资金、多项信托基金。NPS在预算草案中列明了每个项目的具体用途和这一项目的预算经费，最后汇总到美国内政部的总体预算中，由政府财政审批。

四、商业经营模式

商业游客服务是国家公园管理局发布的2006年《管理政策》中的第十部分内容。《管理政策》中对商业游客服务的定义是"国家公园管理局通过特许权合同或商业用途授权或租赁授权的方式，为游客享受公园的资源和价值而提供的必要和合适的商业服务项目"。其中"必要"是指为游客提供高质量公园体验所必需的商业服务，如食宿、交通等；"合适"是指这种服务需符合公园成立的目的并且不可对公园造成持续性或不可挽回的损害。

1. 特许合同

特许合同是提供游客服务的长期合同，由国家公园管理局下属的各区域办事处与私营部门签订。特许人通过签订的特许合同来提供商业服务，一般有效期为 10 年或 10 年以下，有时也可延长至 20 年。

国家公园管理局在官方网站发布开放招标项目的国家公园名单和相应的国家公园招标信息的网络链接，每个网络链接内都详细说明了招标的具体项目、可参与招标的企业条件、招标的截止时间和收取投标文件的部门，并且附上了参与招标所必须填写的文件和招标说明书。招标说明书是对每个公园的招标内容和要求进行具体详尽说明的文件，它包含了有关园区、运营、资源保护、财务数据和投资要求的重要信息，还解释了特许权合同中的关键组成部分，以便投标者了解项目并相应地进行准备。

特许合同中允许提供的商业服务必须符合以下几个要求：第一，对公园的使命和游客服务功能的补充；第二，是必要并且适合游客使用和享受的；第三，仅限于在公园内提供；最后，这类服务必须是可持续的，并且不会对公园造成不可挽回的损害。具体来说，如食物、住宿、旅游、白水漂流、划船和许多其他娱乐活动都属于特许合同可授权的服务范围。

2. 商业使用授权

商业使用授权是允许商业经营者使用公园的短期协议，是在特定公园内为游客提供特定的商业服务的许可证。个人、团体、公司或其他营利性实体都可以申请商业使用授权。

商业使用授权由园区一级进行管理，每个商业使用授权合同中的商业服务项目是根据具体园区的需求而确定的。因此，每个申请人需要与其意向提供商业服务的公园提交申请，或者直接联系公园商业使用授权办公室（国家公园管理局官网提供各个办公室位置和联系方式的信息）。提交申请时，申请人还需要支付一笔商业授权申请费，不同公园的申请流程和费用也会有所不同。

关于商业使用授权的内容，根据公园的不同，包括但不限于登山或背包旅行、皮划艇体验、摄影体验、潜水项目、钓鱼活动等。如曼尼尔山国家公园中，划出一定的区域授权申请人为游客规划并提供攀岩活动。国家公园管理局 2006 年《管理政策》第十章第三节中规定商业使用授权合同的授权服务要符合：被确定为适当使用园区的服务；对公园资源和价值影响最小的服务；符合公园成立的目的，以及所有的管理计划和公园政策和法规的服务。

3. 租赁授权

国家公园管理局通过授权的方式出租园区的历史和非历史财产，主要是建筑物，并且不在特许权合同、商业用途授权范围内，租赁期可长达60年。国家公园管理局进行租赁的目的是重新利用或者改造升级园区内的一些闲置老旧设施。

企业申请租赁授权的主要方式是建议书，还有投标请求和资格申请两种方式。当申请人提供的租金金额是授予租赁的唯一判断标准时，就要使用投标请求方法。建议书是需要除租金金额以外的其他标准来授予租约时所适用的申请程序。资格申请对于国家公园管理局来说，相当于形成一份租赁候选人名单。进行资格申请的私营部门必须要满足建议书中规定的财务、规模等要求。这些文件都由国家公园管理局提供。

五、社会参与机制

美国国家公园的发展离不开社会各界的帮助，社会参与机制是支撑美国国家公园体系的重要部分。NPS把公民参与作为一项基本纪律和做法，积极鼓励与公众进行双向、持续和动态的对话。社会参与的目标是加强NPS和公众对保护和管理文化和自然遗产资源的承诺。NPS秉承着"国家遗产资源的保护有赖于NPS与美国社会之间持续的合作关系"这一核心原则建立了公民参与的承诺，通过交谈和倾听进行沟通，将公民参与视为致力于建立和维持与公园附近区域和其他利益共同体的关系。

为加强对公园资源和价值的全部意义和当代相关性的理解，社会参与机制渗透到国家公园体系的各个层面中。从各单位公园的日常运营工作、政策制定、商业性活动经营到确立一个国家公园和如何规划一个国家公园，甚至NPS制定的统领性法律法规都有公民、社区和各机构等的参与。

越来越多的美国公民不直接受雇于NPS，他们通过志愿者的方式参与国家公园的工作，为NPS做出了重要的贡献。1969年，NPS发布了公园志愿者法案，赋予公民成为志愿者的权利，通过这一方式来保护公园资源和价值。根据法案，所有公民，不论何种种族、信仰、宗教、年龄、性别、肤色、国籍、性取向，是否残疾都有权利成为志愿者，每个志愿者可以根据自己的专业或者是技能进行相关的工作。工作期间，同样可以获得侵权责任和工伤赔偿，可报销参加项目过程中的实付费用。但志愿者不能参与国家公园的执法工作或决策过程，也不能取代 NPS 的正式雇员。

NPS 广泛地与社区建立长期的合作关系来促进公民责任，反过来又促进对国家资源管理的广泛投资。公园和项目管理者寻找机会与所有相关方合作，共同赞助、发展和促进公众参与活动，从而增进相互理解、决策和工作成果。通过这些活动，NPS 还学习每个合作社区有效的管理和服务方式，不断改善自身的工作。此外，通过与社区合作，NPS 能够更好地了解国家不断变化的人口结构，这也是 NPS 以及整个国家公园体系一直茁壮成长的关键。NPS 积极寻求了解不断变化的人口对自然和文化遗产的价值和联系，保持对公众需求和愿望的响应和相关性，了解人们为什么参观或不参观或关心国家公园，帮助那些不参观的人了解和支持他们的国家公园系统，从而改善对公众的服务，加强与公众的联系，并为公众提供了解和体验公园的机会。

合作伙伴在代表国家公园系统实现保护目标和资助保护倡议方面发挥了重要作用。NPS 认识到合作保护的好处，因此与个人、组织、部落、州和地方政府以及其他联邦机构建立了许多成功的伙伴关系，在他们的帮助下完成了国家公园的使命。国家公园管理局通过这些合作关系得到了许多的援助，包括教育计划、游客服务、历史示范、搜救行动、筹款活动、栖息地恢复、科学和学术研究、生态系统管理以及其他一系列活动。这些正式和非正式的合作伙伴关系为 NPS 和国家公园系统带来了无数的好处。这些好处大部分会一直延续下去，许多作为合作伙伴参与的人与公园的联系变得更加紧密，并致力于长期管理。

本着合作的精神，国家公园管理局还致力于与州或地方机构签订合作管理协议，以便对公园进行更有效和高效的管理。1998 年《国家公园综合管理法》[16 USC 1a–2（1）] 第 802（a）条中规定，任何用于向 NPS 提供意见或建议而创建的团体，服务局将首先与律师办公室协商，确定《联邦咨询委员会法》是否允许成立咨询委员会，而后再决定是否签订进一步的合作协议。

第二节　英国

一、文化类国家公园概况

英国国家公园以乡村为主，属于半自然景观，目前共有 15 个国家公园，其中英格兰地区 10 个、威尔士地区 3 个、苏格兰地区 2 个[①]。每个国家公园中涵盖农田，城镇，村庄等文化景观和自然保护区，河流，湖泊，山谷，海滩和山脉等自然景观。英国成立的所有国家公园都以"保护、增强、可持续性、享受"这四个词为核心。1949 年英国政府通过了《国家公园和乡村土地使用法案》(The National Parks and Access to the Countryside Act 1949)，正式建立国家公园，并将建设国家公园的目的表述为：保护自然风景和野生动植物，发展文化和促进人与自然和谐相处。[②]该法确立了国家公园的法律地位。1995 年《环境法》进一步明确了国家公园"保护与优化自然美景、野生生物和文化遗产"的设立目的，并为公众欣赏自然和历史文化遗产提供机会。

国家公园体系作为一个整体有共同的目标，每个国家的国家公园在这个总目标的指引下，根据本地区的情况和自身需求，又赋予其管辖范围内的国家公园不同的目标。在英格兰和威尔士，国家公园是为了保护和增强自然美景、野生动物和文化遗产；促进公众了解和享受国家公园特殊品质的机会。为了达到这些目的，国家公园必须将推动当地社区的经济和社会福利作为目标之一。苏格兰的国家公园则有四个目标：保护和加强该地区的自然和文化遗产；促进该地区自然资源的可持续利用；促进公众了解和享受公园地区的独特之处；促进公园地区社区的可持续经济和社会发展[③]。

英国的国家公园没有具体的分类，皆是以自然景观为主，每个公园中会包

[①]　秦子薇，熊文琪，张玉钧 . 英国国家公园公众参与机制建设经验及启示［J］. 世界林业研究，2020，33（02）：95-100.

[②]　程怀滨 . 浅谈如何借鉴英国的公园管理体系［J］. 农村实用科技信息，2014（05）：61.

[③]　张书杰，庄优波 . 英国国家公园合作伙伴管理模式研究——以苏格兰凯恩戈姆斯国家公园为例［J］. 风景园林，2019，26（04）：28-32.

含部分文化景观，如城镇、村庄、历史古迹等。

二、管理体制

1. 行政组织

英国国家公园采取中央政府统领，各联合王国政府分治，社会组织和社区共同参与的综合管理模式，总结来说就是政府资助、地方投入、公众参与相结合。英国"环境、食品和乡村事务部"总体负责所有国家公园，对其进行宏观监督和管理，主要提供财政支持和政策制定。各联合王国层面，英格兰自然署、苏格兰自然遗产部、威尔士乡村委员会则分别负责其国土范围内的国家公园的监督和管理事务。英格兰自然署管理英格兰地区的 10 个国家公园管理委员会、苏格兰自然遗产署管理苏格兰区域的 2 个国家公园管理委员会、威尔士乡村委员会管理威尔士地区的 3 个国家公园委员会。工作内容包括实施议会制定的相关法律、分配国家公园管理资金、参与各国家公园主席团成员的确定、制定国家公园内的保护地和规定保护地等。

每个单位的国家公园都由其独立的国家公园管理委员会（National Park Authority，NPA）直接管理，各单位公园所在的地方议会、社团和社区居民可以依法参与该地区国家公园的规划和管理事务[1]。《环境法》（Environment Act 1995）规定其职能主要包括了编制管理规划、发展规划及其他相关规划；开展规划许可等规划管理；管理游客和其他公众的进入和活动等内容[2]。此外还有一些合作伙伴与各层级的国家公园管理机构共同保护国家公园。

2. 人员构成

国家公园管理委员会由主席团、工作人员、志愿者共同构成。每个国家公园管理局有偿雇用 50~200 名职责各异的工作人员，包括护林人、导游等园区室外工作者以及负责公园的行政规划、管理等办公室工作者。国家公园主席团有 10~30 名董事会成员和一名主席组成。董事会成员们通过听取工作人员的意见来决定国家公园管理局该做什么，应该怎么做。这些成员大多来自国家公园

---

① 赵西君.中国国家公园管理体制建设［J］.社会科学家，2019（07）：70–74.
② 于涵，陈战是.英国国家公园建设活动管控的经验与启示［J］.风景园林，2018，25（06）：96–100.

的地方和教区议会，不是国家公园管理局的全职员工，有些成员则是因为在环境或农村社区等领域拥有专业知识和经验而被政府任命的。志愿者则承担了国家公园中许多不同的工作，如引导散步，固定围栏，植树，检查历史遗迹和测量野生动物。

农民、森林人和当地社区作为国家公园管理的参与者，是不可或缺的一部分。国家公园中的土地所有权是分散的，每个国家公园管理委员会只有部分土地的所有权。大部分的土地为当地的农民、森林居民、住在村庄和城镇的居民等个人所有和国家信托、林业委员会等组织所有。因此，国家公园管理委员会与国家公园内所有的土地所有者共同合作保护国家公园内的景观。

3. 规划体系

1972 年英国国会通过的《当地政府法案》规定国家公园的规划管理独立于地方政府，每个国家公园管理委员会独立编写自身的发展原则和规划。其作用相当于监管者，行使管理权利，并在住宅建设、大型基础设施建设、工业设施建设方面拥有审批权。1995 年颁布的《环境法》明确了国家公园委员会行使国家公园范围内唯一的城乡规划管理权这一重要制度。

（1）规划程序。国家公园委员会与其他政府部门、社区、企业和土地所有者共同对国家公园的规划、建设和管理 3 个方面进行管理。在规划方面，公众参与发挥着重要作用，公众帮助地方规划咨询、制定政策、社区计划、参与规划申请等。建设方面则主要涉及保护和合理利用运营 2 大方面事务，包括环境巡护、公众环境教育、社会捐赠等。

每个国家公园都要制定"地方规划"，湖区国家公园的"地方规划"中制定的社区参与内容受国家法规和立法的指导（《2012 年城乡规划（地方规划）（英格兰）条例》），其中包括地方规划当局必须与谁协商以及何时协商等基本要求。地方规划由规划机构定期审查，审查规划的内容以及公众是否有效参与，最后来决定是否要更新规划。

地方规划通常每 5 年审查 1 次。公众可以在审查期间内对当地的规划提出建议。通常是通过对公众咨询集中的反馈意见，规划当局会根据意见进行修改。规划发布阶段还会借助网络和各类信息公开平台如公共图书馆、信息中心等，采取多种途径宣传并重新征求意见进行修改，最终提交审查。规划监察局对地方规划进行审查，确定其是否"合理"并符合所有法律要求。社区在规划过程中至关重要，他们帮助制定规划，也可以制定自己的社区计划（邻里计划），并参与规划申请。

（2）建设活动。英国国家公园的建设活动被称为"开发控制"。"城乡规划法"（Town and Country Planning Act 1990），将"开发"定义为"在地表或地下进行的任何建筑、工程、采矿或其他建设活动，或对任何建筑物或其他土地使用上的物理性改变"[①]。英国在其城乡规划体系下对建设活动进行管控，形成了规划引领为主要特征的制度体系。对于需要进行规划许可的建设活动，1990年《城镇和乡村规划法》第57条规定，属于"开发"法定定义的所有业务或工作都需要规划许可。但是，有不同类型的规划权限，例如地方当局授予规划许可；国家许可的一般许可开发令，允许某些建筑的用途的改变，而不必作出规划申请；通过地方或邻里发展令或社区建立秩序权授予当地规划许可；由地方当局、国家公园委员会或经相关政府部门授权的法定承办人进行开发。

要规划进行一项建设活动，要经过一套完整的程序，首先提倡者要进行规划申请，国家公园委员会对申请进行回应并决定是否许可这项规划，最后，若规划通过，国家公园委员会时刻监控项目，对其违法行为进行规划执法。

规划申请是国家公园内开展建设活动的法定前提，凡是涉及开发行为的，除了在允许尺度范围内的之外，实施前都需向国家公园管理局提出规划申请。英国规划申请分为"概要申请"与"完整申请"两种类型。"概要申请"不包括建设活动的主要细节和相关要素，是在申请前期确定规划申请能否被批准的一种简略形式。"完整申请"是正式的开发申请，内容则包含了所有完整的信息。

规划许可对应的是规划申请，是相关部分对规划申请作出的同意或不同意的决策。其形式分为许可、有条件许可和否决3种形式，其中有条件许可是指一些同意的附加条款，即在实施建设的过程中必须满足国家公园管理局提出的条件方。规划许可的决策是通过规划委员会会议作出的，由规划委员会成员和管理局规划部门官员主持，许可结果将以规划公告的形式进行公示。

[①]　于涵，陈战是.英国国家公园建设活动管控的经验与启示［J］.风景园林，2018，25（06）：96-100.

规划执法是用来处理团体和个人开发活动违反开发控制的行为，包括了需要规划许可的建筑工程没有获得许可、附加条件不符合规划许可、规划和土地的使用不符合规划许可 3 种情况。[①]

三、资金机制

英国国家公园管理运行所需要的资金归入英国环境、食品和乡村事务部向英国财政部申请的整个部门预算中，所以其资金来源基本是国家财政拨款。由于英国的国家公园不向公众收取门票费用，而园内经营活动所获得的利润大多都用于补偿持有国家公园土地所有权的原住地居民，所以商业性活动的盈利基本不用于国家公园的运行。

英国环境、食品和乡村事务部会根据每个王国的国家公园的数量、发展状态等实际情况向英格兰自然署、苏格兰自然遗产署和威尔士乡村委员会拨款，各王国的管理部门又会根据自己管辖范围内每个国家公园的情况来分配资金。

除了政府拨款，社会捐赠也是国家公园资金来源的一小部分。由于每个单位的国家公园都由其独立的委员会管理，因此，各个国家公园委员会会根据自己公园的特征向不同组织寻求合作，他们所受到的捐赠也都是来自不同的个人、社区、组织。

四、社会参与机制

社会参与是保证英国国家公园体系运行的重要一环，参与主体包括合作伙伴、社区和公众。许多组织和个人积极致力于参与国家公园的保护工作是因为他们在国家公园内拥有土地。国家信托和林业委员会拥有大片荒原和林地。其他组织，野生动物信托基金，伍德兰信托，英国遗产和自然斯科特拥有国家公园内的自然保护区和历史遗迹。

1.合作伙伴

合作伙伴与国家公园管理机构共同保护国家公园。这些合作伙伴一般是非

---

① 于涵，陈战是.英国国家公园建设活动管控的经验与启示［J］.风景园林，2018，25（06）：96–100.

政府机构，如国家公园运动（CNP）；拥有国家公园部分土地所有权的组织，如国家信托、林业委员会；保护相关的慈善机构，如自然的声音（RSPB）、英国遗产署等。

其中，国家公园运动是英国唯一致力于保护和推广英格兰和威尔士所有国家公园的全国性慈善机构。这一机构成立的目的是确保国家公园得到更好的保护，它通过对国家公园现有的规划项目进行研究，调查出不适当的以及对国家公园发展起到阻碍的因素，并且根据调查结果做出建议报告，确保国家公园当局制订地方计划，明确如何根据国家公园的特殊禀赋实施重大发展项目，以帮助加强和支持地方决策。此外，该机构还会对国家公园进行捐赠，并广泛接受志愿者，共同帮助国家公园更好地发展。

2. 社区参与

每个国家公园的具体政策都是由其各自的国家公园委员会制定，但大体流程大同小异，以湖区国家公园为例，它的社区参与和公众参与的形式十分典型。

社区参与涉及由某一团体、组织或选民机构（如教区理事会）的成员参与地方规划。社区在规划公园的过程中帮助公园委员会制定规划政策和邻里计划，并参与规划申请。

邻里计划是社区参与的一种方式，可以成为地方当局规划政策的一部分，是帮助当地社区影响其居住和工作地区的规划的一种新方式。邻里计划初次在《地方主义法》中出现，是英国政府于2011年颁布的文件。这一计划的作用是为公园的邻里发展共同愿景、选择新住宅、商店、办公室和其他开发项目应建在哪里，识别和保护当地的绿地并且提出建议、改进新建筑的外观。邻里计划可以由教区或镇议会编制，也可以由当地居民团体共同制定，而后成立一个邻里论坛，使各方能够及时交流计划的内容和进程。《邻里计划》的草案是由当地社区编写，须经当地协商，然后进行独立审查和全民投票。如果该计划获得多数投票者的批准，那么地方当局可以正式"通过"邻里计划。在邻里计划编制期间和提交给国家公园委员会之前，邻里论坛必须将邻里计划草案公布至少六个星期，并征求其认为可能受到草案中的建议影响的任何咨询机构的意见。

湖区国家公园委员会与教区议会或社区团体合作，使他们能够拟订计划草案，并向其提供指导和技术援助，最后，组织对邻里计划草案进行全民投票并审查结果。

3. 公众参与

英国国家公园为公众参与提供各种平台，主要包括：

（1）委员会会议。会议的日程与召开信息提前公布给公众，鼓励公众出席委员会会议。

（2）成立国家公园伙伴关系和志愿者论坛。以湖区国家公园为例，湖区国家公园伙伴关系（LDNPP）成立于 2006 年，目前有 25 个组织参与其中，由来自公共、私营、社区和志愿部门的代表组成（例如坎布里亚大学、坎布里亚郡议会、坎布里亚郡当地企业伙伴关系等）。伙伴关系共同制订为期 5 年的管理计划和行动，并每年更新《公园使用状况报告》，通过制定各类指标监测国家公园的使用状况，包括伙伴关系计划取得成功的 21 项指标，用于监测伙伴关系目标的进展情况。

（3）本地访问论坛。本地访问论坛是一种咨询机构，其设立是出自英格兰颁布的《2000 年乡村和道路权法》。论坛的成员由地方公路当局和国家公园当局委任，其功能是定期组织相关人员与公众对一些特定的国家公园相关议题进行探讨与回应，这些议题通常来自于环境、食品和农村事务部、区域内国家公园管理局以及其他组织。回应的内容会公开发布在网络上以方便公众下载查看，具有极大的公开共享性。

第三节　日本

一、日本自然公园概况

1911 年，野木恭一郎等人在帝国会议上提交了一份"将日光认定为帝国公园"的提议案，这是日本首次提出国家公园的概念。虽然当时议会通过了该提案，但由于受国内外因素的影响，一直到 1921 年该提议案才真正推行，并于 1930 年确立了 14 处国立公园候补地 ①。1931 年，日本颁布国家公园法案。1934 年，濑户内海、云仙温泉和雾岛三地被设立为国家公园，这是日本设立的第一批国家公园。

日本的自然公园是由环境部依据《自然公园法》第 2 条第 1 项进行认定的，并划分为国立公园（国家公园）、国定公园（准国家公园）、都道府县立自然公园。截至 2020 年，日本的自然公园共有 402 个，占国土面积约 15%，其中国立公园 34 个、国定公园 57 个、都道府县立自然公园 311 个 ②。日本自然公园的建立一方面是为了保护具有优质自然资源的风景区，另一方面是为了给人们提供亲近自然并在自然环境中进行修养、娱乐、保健的场所。由于其认定无关土地所有权，因此园中既包含国家所有的土地、私人所有的土地，也包含公共用地。

1. 国立公园（国家公园）

国立公园对应国家公园（National Park）的概念，是日本设立时间最早、保护程度最高的自然公园。它既有日本自然和人文景观显著性、典型性的特点，又具有自然公园的特性。《自然公园法》中明确规定设立国立公园是为了保护和加强对自然景观的利用，为人们的健康、娱乐、教育以及确保生物多样性做出贡献。

2. 国定公园（准国家公园）

日本的国定公园则是指"能够达到国立公园水准的优美自然风景区"，其认定工作由环境大臣负责，但其日常管理、保护工作则是由各都道府县（相当于国内省一级）负责。对于国定公园的认定，"达到国立公园水准"这一含义较为宽泛，但从以往认定情况来看，大致可分为两种：一种是具有极高自然价值的风景区；另一种是比邻大城市、其利用价值受到人们重视的风景区。

3. 都道府县立公园

都道府县立自然公园是指由都道府县根据《自然公园法》第七十二条规定指定的能够代表地方的优美风景区，其管理部门为都道府县。

---

① 郑文娟，李想.日本国家公园体制发展、规划、管理及启示［J］.东北亚经济研究，2018，2（03）：100-111.

② 侯艺珍，唐军，李亚萍，等.基于数据分析的日本三级自然公园保护与游憩利用研究［J］.创意设计源，2021（04）：4-10.

二、国立公园管理体制机制

1. 管理制度

（1）地域制自然公园制度。日本国立公园采取"地域制自然公园制度"，即在保证共同土地资源管理和区域管理运营的前提下，无关土地所有权归属，由国家指定风景优美、多样且脆弱的生态系统进行保护和公共利用。地域制自然公园制度多以自然风景和历史文化名胜为对象，通过指定特别保护区的方式限制部分人为活动，同时对公园内的资源进行合理利用，发挥自然环境保护区野外游憩、亲近大自然等作用的同时，宣传和普及自然和历史文化，从而达到自然保护和开发利用并重的目的。

区划体系是保障"地域制"落实的核心因素，其关键内容是对公园用地进行分区管理，即不考虑土地产权与利用性质，采用对自然公园全覆盖的"梯级式"管理区划[①]。在区划体系中，陆地区域被划分为特别地域和普通地域，其中特别地域又划分了特别保护地域和第一、二、三类特别地域；海域则被划分为海域公园地域和普通地域[②]。在被划分的区域中，根据管理严格程度从高到低依次为特别保护地域、第一类特别地域、第二类特别地域、第三类特别地域和普通地域。

（2）可购买特定民用地制度。为了更好地推进地域制管理制度的实行，政府建立了可购买特定民用地制度，即政府、地方公共团体与土地所有者协商达成统一意见的情况下，可购买资源条件优越但生态极脆弱的公园并对其进行统一管理[③]。

（3）"景观地保护协定"管理机制。2002 年，日本重新修订的《自然公园法》中，确定设立公园管理、"景观地保护协定"等系列协同管理机制。依据该修订，日本国立公园建立了"景观地保护协定"的管理方式，即由环境大臣、所在地方公共团体或公园管理机构（或管理机构指定的非营利组织）与

---

① 杜文武，吴伟，李可欣.日本自然公园的体系与历程研究 [J].中国园林，2018，34（05）：76-82.

② 侯艺珍，唐军，李亚萍，等.基于数据分析的日本三级自然公园保护与游憩利用研究 [J].创意设计源，2021（04）：4-10.

③ 丁红卫，李莲莲.日本国家公园的管理与发展机制 [J].环境保护，2020，48（21）：66-71.

国立公园土地所有者之间签署代为进行景观管理的协定，实现协同型管理运营，加强景观地保护。协定主要包括划定具体区域、制定公园管理方法、给予土地所有者一定税制优惠等内容[①]。

2. 管理机构

日本采用中央与地方共同管理的综合管理模式。在中央层面，环境省是国立公园的最高管理部门，下设自然管理局、地球环境局等部门，其中直属环境省自然环境局的有国立公园科、自然环境整备担当参事官室（自然环境整治工作书记办公室）及"接触自然"促进（办公）室。地方层面则根据各地区的具体情况设立地方环境事务所、自然保护事物所等管理机构。其中自然保护所还专门为负责国立公园管理事务的自然保护官设立自然保护官事务所[②]。此外，对于国立公园数量较多的地区，一般会设立二级管理机构自然环境事务所来协助上级对国家公园进行管理[③]。但事实上，为了更好地协调公园内的多方利益，国家公园在管理的过程中一般会采用公园管理团体制度，即经过国立公园的上报，环境大臣认定一些具有一定（管理）能力的公益法人或者非营利性组织法人等对国家公园进行管理。这些管理团体的工作一般涉及公园内生态环境的保护；设施的修补及其他方面的维持、管理；相关信息、资料的收集、整理和提供；为促进国家公园的适度利用展开调查、研究并提出建议和指导等。

3. 参与机制

在国立公园的公众参与机制中，人们不仅能够参与管理决策的制定，还可以具体执行各项管理事务。公众在国立公园的管理中一般承担三种角色，分别是自然公园指导员、公园志愿者和绿色志愿者。自然公园指导员一般是督促公园使用者遵守公园使用规则，防止事故发生；公园志愿者则主要是为游客进行科普和解说，以更好地普及和启发国民的自然保护理念；绿色志愿者则主要负

①　HARI M. OSOFSKY. Multidimensional Governance and the BP Deepwater Horizon Oil Spill［J］. Florida Law Review，2011（63）：1077–1137.

②　赵人镜，尚琴琴，李雄.日本国家公园的生态规划理念、管理体制及其借鉴［J］.中国城市林业，2018，16（04）：71–74.

③　蔚东英.国家公园管理体制的国别比较研究——以美国、加拿大、德国、英国、新西兰、南非、法国、俄罗斯、韩国、日本 10 个国家为例［J］.南京林业大学学报（人文社会科学版），2017，17（03）：89–98.

责公园内基础设施的维护和与生态相关的专业工作技能的培训等。此外，为了拓宽公众参与国家公园管理的途径，日本政府还开展了许多相关的专业项目，如"绿色工程项目""公园副管理员"项目等，"绿色工程项目"由日本环境省负责，招募环境保护活动的志愿者开展环境清洁、清除外来物种、维护徒步旅行路线等工作。"公园副管理员"项目则大多是招募学生在暑假期间自愿到国家公园做一些协助公园管理员的工作。此外，其他各类志愿者招募体制在地方层面也普遍开展（图8-1，图8-2）。

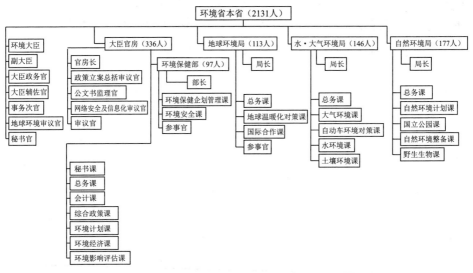

图8-1　环境省组织结构

资料来源：日本内阁官房官网[①]

_____

[①]　日本内阁官房.行政機構図［EB/OL］.［2021-11-12］. https://www.cas.go.jp/jp/gaiyou/jimu/ jinjikyoku/satei_01_05.html.

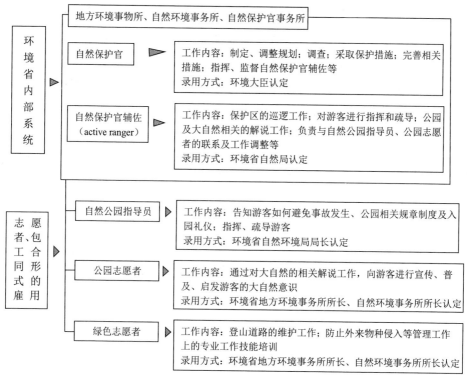

图 8-2　国立公园组织结构

注：以上机构名称、职称的中文翻译并非约定俗成的正式中文名称，此处对部分名称保留了其日语原本的汉字，括号内为解释性翻译，仅供参考。

三、资金制度

国立公园的良性发展需要有效的资金制度的支撑。1994 年，自然公园的经费预算被纳入国家预算体系[①]，此后政府的财政资金成为国立公园运营管理的主要资金来源。有关数据显示，2000 年，国立公园的经费预算占自然环境保护局总预算的 60% 以上[②]。但 2000 年之后，国立公园的公共预算中，国家拨款部分因自然环境保护局整体预算的减少而逐步减少。地方政府补贴部分在 2001-2004 年有所下降，2005-2006 年逐渐回升，但仍低于 2000 年的水平（图

① 丁红卫，李莲莲.日本国家公园的管理与发展机制［J］.环境保护，2020，48（21）：66-71.
② 王正早，贾悦雯，刘峥延，等.国家公园资金模式的国际经验及其对中国的启示［J］.生态经济，2019，35（09）：138-144.

8-3）。而非公共预算部分随着民间团体参与度的逐渐深入而逐步增加（图 8-4）。2019 年，日本环境省将国际观光收入用于国立公园内设施的完善，进一步拓宽了国立公园运营管理的资金来源。现阶段，国立公园的资金保障制度形成以环境省为代表的中央政府为主导，地方政府支持，其他民间团体及相关企业多方面参与的灵活机制[①]。

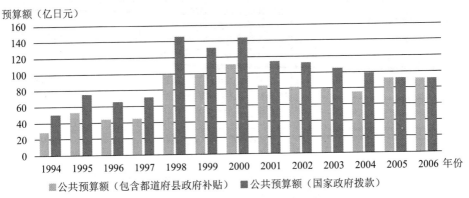

图 8-3　日本国家公园（公共）预算额变化

资料来源：日本环境省官网

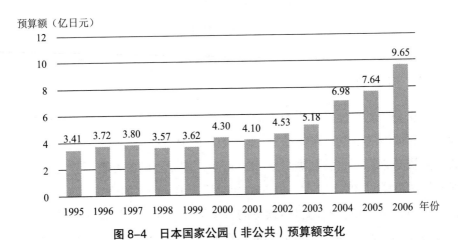

图 8-4　日本国家公园（非公共）预算额变化

资料来源：日本环境省官网

---

① 丁红卫，李莲莲 . 日本国家公园的管理与发展机制［J］. 环境保护，2020，48（21）：66-71.

四、日本国立公园的保护和利用制度

1. 公园计划

为了确保国立公园得到充分保护和合理利用，在区划体系下，每个国立公园都制订了公园计划，其中分为监管计划和业务计划（图8-5）。

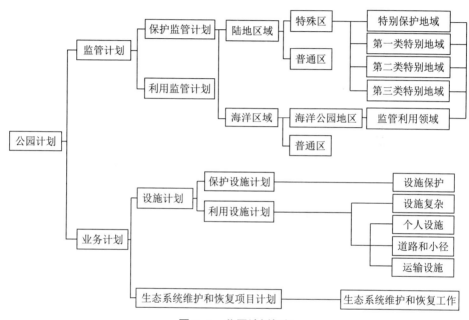

图8-5 公园计划框架

资料来源：日本环境省官网①

监管计划包括保护监管计划和利用监管计划。保护监管计划指的是通过限制公园内的特定行动，保障公园不会过度开发和使用的计划。根据保护监管计划，园区内的不同分区（特别保护地域、第一类特别地域、第二类特别地域、第三类特别地域和普通地域）有相对应的一些强制规定。利用监管计划是为保证可利用区域在其扩大用途的过程中，适当地利用公园和保护附近自然环境的计划。该计划包括园区在利用过程中的相关细节事项。

---

① 日本环境省 .History and Origanization［EB/OL］.［2021-11-12］.Http://www.env.go.jp/en/nature/nps/park/about/history.html.

业务计划则主要包括保护公园景观或景观要素、确保游客安全、促进公园的适当使用、维护和恢复相关生态系统所需的各种措施和设施。业务计划主要有两种形式，分别为设施计划和生态系统维护和恢复项目计划。设施计划概述了适当使用公园所需的设施以及恢复受破坏的自然环境和预防危险所需的设施。此外，设施计划还细分为保护设施计划和利用设施计划，其中保护设施计划是为恢复退化的自然环境和确保安全所需的设施制订的计划。利用设施计划则包括作为公园管理中心的设施综合计划和公园适当使用所需的设施计划。生态系统维护和恢复项目计划则是通过多项预防或应对措施，抓捕有害动物、清除入侵物种、维护和恢复特殊的自然景观。

2. 保护制度

（1）法律法规。1957 年制定的《自然公园法》是在 1931 年颁布的《国家公园法》的基础上发展完善的专门管理自然公园的法律。该法律制定的目的在于更好地保护自然公园的自然环境和生物多样性，为国民提供休闲、保健、教化的优良场所。此外还制定了《自然公园法施行令》《自然公园法施行规则》作为配套法规辅助《自然公园法》的实施[①]。

除了《自然公园法》之外，还有其他相关法律为国立公园的保护提供法律支撑。1972 年制定的《自然环境保护法》，为有关人员在公园内开展自然环境保护调查研究提供了依据，更好地促进公园内自然环境的保护和管理。2002年，实施了《自然再生推进法》，依照该法对园区内受到破坏的次生环境制定的恢复自然景观、促进环境友好设施建设等的再生政策及设立的由多主体共同参与的自然再生协议会进一步推进了公园内自然环境的恢复和保护工作[②]。《景观法》则规定了相关景观行政机构、团体对国家公园、准国家公园制定、落实景观规划前，要与公园相关负责人（国家公园为环境大臣，准国家公园为各都道府县知事）进行协商；景观规划中已落实的规定、章则要切合国家公园、准国家公园规划的相关内容。此外还有《森林法》《水产资源保护法》《海岸法》《鸟兽保护及狩猎正当化相关法》及《文化遗产保护法》等对相应资源的保护

---

① 赵人镜，尚琴琴，李雄.日本国家公园的生态规划理念、管理体制及其借鉴［J］.中国城市林业，2018，16（04）：71-74.

② 丁红卫，李莲莲.日本国家公园的管理与发展机制［J］.环境保护，2020，48（21）：66-71.

作出明确规定。

（2）管制用地制度。为了国立公园内景观的保护和可持续利用，日本制定了管制用地制度，即只有获得环境部长或所在州州长（或相关指定和授权组织）授权的人员才可以进入监管利用区域，且访客人数及逗留期限均需在签发进入许可证时指明。

3. 利用模式

（1）利用理念。日本对于国立公园的利用理念主要有两方面。一方面是保护与利用相促进，《自然公园法》的第 1 条规定，在保护公园优美的自然风景不被破坏的同时，要提高其利用价值，满足国民休闲娱乐、健身、教化等需要。另一方面是尊重原有的利用现状。如国立公园认定时保持原有的运动场地、休闲设施等正常运营；尊重原住民的生产生活方式，不将其生活区域划入特别保护区等[①]。

（2）利用方式。

① 开展旅游活动。研学旅游、生态旅游、游憩活动等是国立公园旅游活动的主要形式。国立公园是开展自然教育的重要场地，森林教育和湿地教育是其特色的教育课程。此外，人们还能在公园内获得农业种植、畜牧业养殖等不同体验[②]。游憩利用是日本国立公园重要的利用方式之一。游憩活动主要分为 3 种，分别为自然型，包括徒步旅行、观察动植物等活动；登山型，包括爬山、露营等活动；观光型，包括购物、品尝美食、温泉等活动[③]。日本国立公园的游憩活动不仅受到国民的喜爱，同时也吸引了大量的国外游客。据有关数据显示，在富士箱根伊豆国立公园的所有登山者中，有 22% 的游客来自国外。

② 基础设施和度假项目建设。为了充分利用国立公园内的优质资源，在确保服务设施建设不破坏公园自然环境的前提下，国家允许公共团体和个人在监管利用计划的范围内提供一定的服务设施，并建议服务设施尽量贴近自然，

---

① 李秀英.日本国立公园的利用方式对我国国家公园建设利用的启示［J］.林业勘查设计，2020，49（04）：92–95.

② 胡毛，吕徐，刘兆丰，等.国家公园自然教育途径的实践研究及启示——以美国、德国、日本为例［J］.现代园艺，2021，44（05）：185–189.

③ 董二为.美日韩国家公园如何开展游憩［J］.中国林业产业，2019（Z1）：158–160.

如卫生间、游径、游客中心等能够与自然环境相融，从而为游客提供更舒适的旅游体验。同时，国家允许私人在国立公园的普通地域以及周围地区，建立以娱乐为目的的度假村，但是在建立过程中必须严格遵守国立公园的私人经营管理制度①。

---

① 张延. 日本国家公园生态规划管窥［J］. 人民论坛，2010（36）：118–119.

后　记

本书由吴丽云制定研究框架并统稿。

本书的写作由北京第二外国语学院中国文化和旅游产业研究院吴丽云副教授，中国劳动关系学院吕莉副教授，河北民族师范学院赵英英讲师，中国旅游集团有限公司研究院信息情报室主任及香港理工大学酒店及旅游管理博士研究生张昕丽，北京第二外国语学院旅游科学学院研究生阎芷歆、徐嘉阳、林婉钊、郭杨，本科生秦邦汉，北京第二外国语学院经济学院研究生高珊，广东外语外贸大学日语亚非语言文化学院研究生吕润华等共同参与完成。

各章写作分工如下：前言，吴丽云、阎芷歆；第一章，吴丽云、林婉钊、秦邦汉；第二章，吴丽云、徐嘉阳、郭杨；第三章，吴丽云、徐嘉阳、郭杨；第四章，吴丽云、阎芷歆、张昕丽；第五章，吕莉；第六章，赵英英；第七章，吴丽云、阎芷歆、郭杨；第八章，吴丽云、高珊、林婉钊、吕润华。

项目统筹：刘志龙
责任编辑：谯　洁
责任印制：冯冬青
封面设计：中文天地

图书在版编目（ＣＩＰ）数据

大运河国家文化公园 ：保护、管理与利用 / 吴丽云
主编 ；吕莉，赵英英副主编 . -- 北京 ：中国旅游出版
社， 2022.3

（国家文化公园管理文库）

ISBN 978-7-5032-6923-3

Ⅰ．①大… Ⅱ．①吴… ②吕… ③赵… Ⅲ．①大运河
－国家公园－建设－研究－中国 Ⅳ．① S759.992

中国版本图书馆 CIP 数据核字（2022）第 038129 号

书　　名：大运河国家文化公园：保护、管理与利用

作　　者：吴丽云　主编；吕莉，赵英英　副主编
出版发行：中国旅游出版社
　　　　　（北京静安东里6号　邮编：100028）
　　　　　http://www.cttp.net.cn　E-mail:cttp@mct.gov.cn
　　　　　营销中心电话：010–57377108，010–57377109
　　　　　读者服务部电话：010–57377151
排　　版：北京旅教文化传播有限公司
经　　销：全国各地新华书店
印　　刷：北京明恒达印务有限公司
版　　次：2022年3月第1版　2022年3月第1次印刷
开　　本：720毫米×970毫米　1/16
印　　张：13
字　　数：205千
定　　价：48.00元
ＩＳＢＮ　978-7-5032-6923-3